"十四五"职业教育国家规划教材

西式面点工艺

主编 朱长征 王 标

参编 杨煜灿 张 沛 李昊佳 胡志刚

北京理工大学出版社
BEIJING INSTITUTE OF TECHNOLOGY PRESS

版权专有　侵权必究

图书在版编目（CIP）数据

西式面点工艺 / 朱长征，王标主编 . -- 北京：北京理工大学出版社，2023.8 重印

ISBN 978-7-5763-0053-6

Ⅰ . ①西… Ⅱ . ①朱… ②王… Ⅲ . ①西点—制作—职业教育—教材 Ⅳ . ① TS213.23

中国版本图书馆 CIP 数据核字（2021）第 137351 号

出版发行 / 北京理工大学出版社有限责任公司
社　　址 / 北京市海淀区中关村南大街 5 号
邮　　编 / 100081
电　　话 /（010）68914775（总编室）
　　　　　（010）82562903（教材售后服务热线）
　　　　　（010）68944723（其他图书服务热线）
网　　址 / http：//www.bitpress.com.cn
经　　销 / 全国各地新华书店
印　　刷 / 定州启航印刷有限公司
开　　本 / 787 毫米 × 1092 毫米　1/16
印　　张 / 11
字　　数 / 250 千字
版　　次 / 2023 年 8 月第 1 版第 2 次印刷
定　　价 / 43.00 元

责任编辑 / 孟祥雪
文案编辑 / 孟祥雪
责任校对 / 周瑞红
责任印制 / 边心超

图书出现印装质量问题，请拨打售后服务热线，本社负责调换

前言

党的二十大报告指出:"统筹职业教育、高等教育、继续教育协同创新,推进职普融通、产教融合、科教融汇,优化职业教育类型定位。"党的二十大报告对职业教育发展提出新部署、新要求,更好地服务于国家发展战略。贯彻落实党的二十大精神与促进职业教育的健康发展结合,加快建设国家战略人才力量,既要努力培养更多"大师、战略科学家、一流科技领军人才和创新团队、青年科技人才",也要努力造就更多"卓越工程师、大国工匠、高技能人才"。

职业教育实质就是就业教育,教育的目标是培养与我国社会主义现代化建设要求相适应,德、智、体、美等全面发展,具有综合职业能力,在生产、服务、技术和管理第一线工作的高素质劳动者和专业技术人才。这种定位要求职业教育,特别是中职教育更要贴近社会、贴近企业。企业要求中职毕业生动手能力强,达到"三快",即上手快、适应快、稳定快。本书就是以讲述烹饪专业基本技能为主的一门重要实训课程,对烹饪实践教学起到非常重要的支撑作用。本书以模块结构进行编写,结合烹饪教学改革和新课程建设的开发,充分体现了现代教材的特点,即职业性、应用性、科学性和规范性。

本书在编写工作中主要体现以下几个方面的思路:

第一,坚持以能力为本位,重视实践能力的培养,突出职业技术教育特色。根据烹饪专业毕业生所从事职业的实际需要,合理确定学生应具备的能力结构与知识结构,对教材内容的深度、难度进行把握。同时,加强实践性教学内容,以满足企业对技能型人才的需求。

第二,根据餐饮行业发展,尽可能多地在书中充实新理念、新知识、新方法和新设备等方面的内容,力求使教材具有鲜明的时代特征。同时,本书在编写过程中,严格贯彻国家有关技术标准的要求。

第三，努力贯彻国家关于职业资格证书与学业证书并重、职业资格证书制度与国家就业制度相衔接的政策精神，力求使教材内容涵盖有关国家职业标准（中级）的知识和技能要求。

第四，本书在编写过程中尽可能使用图片、实物照片或表格形式将各个知识点、技能点生动地展示出来，力求给学生营造一个更加直观的认知环境。同时，相关知识点以知识链接的形式出现，设计贴近生活的模块导入和思考与练习等内容，意在拓展学生的思维能力和应用能力，引导学生自主学习。

第五，融入思政课内容，培养学生的综合职业素养。

本书可供中等职业技术学校烹饪专业使用，也可作为职工培训教材。

本书的主要内容有西式面点概述；西式面点的设备及工具、用具；西式面点原料知识；西式面点制作基础；西式面点制作工艺等。

目录 CONTENTS

模块一 西式面点概述

项目一 西式面点概况 ……………………………………………………………… 3
  任务一 西式面点的起源和发展 ……………………………………………… 3
  任务二 西式面点的定义与特点 ……………………………………………… 4
项目二 西式面点的分类及特点 …………………………………………………… 6

模块二 西式面点的设备及工具、用具

项目一 常用设备及工具、用具 …………………………………………………… 11
  任务一 成熟设备 ……………………………………………………………… 11
  任务二 机械设备 ……………………………………………………………… 19
  任务三 恒温设备 ……………………………………………………………… 24
  任务四 储物设备及工作台 …………………………………………………… 32
  任务五 常用的工具及用具 …………………………………………………… 34
项目二 安全生产知识 ……………………………………………………………… 45

模块三 西式面点原料知识

项目一 面粉及其他粉类原料 ……………………………………………………… 53
  任务一 面粉的来源 …………………………………………………………… 53
  任务二 面粉的种类 …………………………………………………………… 53
  任务三 面粉的主要成分 ……………………………………………………… 54
  任务四 面粉的品质鉴定 ……………………………………………………… 55
  任务五 面粉的用途 …………………………………………………………… 57
  任务六 其他粉类 ……………………………………………………………… 57

项目二　糖及糖浆 59
　　任务一　糖的分类 59
　　任务二　糖在西式面点中的作用 61
　　任务三　糖的保管 61

项目三　食用油脂 62
　　任务一　油脂的分类 62
　　任务二　西式面点常用油脂的品种 62
　　任务三　油脂在西式面点中的作用 63
　　任务四　油脂的保管 63

项目四　蛋及蛋品 64
　　任务一　蛋的种类 64
　　任务二　蛋在西式面点中的作用 65
　　任务三　鲜蛋的保存 65

项目五　乳及乳品 67
　　任务一　乳品的种类 67
　　任务二　乳及乳品在西式面点中的作用 68
　　任务三　乳及乳品的保管 68

项目六　西式面点中的食品添加剂 70

模块四　西式面点制作基础

项目一　西式面点基本操作手法 80
　　任务一　和、擀、卷、捏、揉 80
　　任务二　搓、切、割、抹、裱型 86

项目二　西式面点制作基本技术 90
　　任务一　面团调制技术 90
　　任务二　面团膨松技术 91
　　任务三　成型技术 91
　　任务四　熟制技术 92
　　任务五　装饰技术 93

模块五　西式面点制作工艺

项目一　蛋糕制作工艺 98
　　任务一　蛋糕的一般特征 98

任务二　蛋糕的成型 ········· 100

　　任务三　蛋糕的成熟 ········· 101

　　任务四　蛋糕的表面装饰 ········· 102

　　任务五　制作实例 ········· 104

项目二　点心制作工艺 ········· 113

　　任务一　甜酥点心 ········· 113

　　任务二　清酥点心 ········· 115

　　任务三　泡芙类 ········· 118

　　任务四　饼干 ········· 120

　　任务五　制作实例 ········· 122

模块六　冷冻甜食及装饰制品

项目一　冷冻甜食 ········· 130

　　任务一　结力冻 ········· 130

　　任务二　奶油冻 ········· 130

　　任务三　冰淇淋 ········· 132

　　任务四　制作实例 ········· 134

项目二　巧克力制品 ········· 136

项目三　糖制品 ········· 138

模块七　面包类制品

项目一　面包概述 ········· 143

　　任务一　面包的分类 ········· 143

　　任务二　面包的制作 ········· 144

　　任务三　面包面团的成型 ········· 146

　　任务四　面包的成熟 ········· 148

项目二　面包制作实例 ········· 149

　　任务一　法棍 ········· 149

　　任务二　法式培根面包 ········· 150

　　任务三　火腿面包 ········· 151

　　任务四　墨西哥面包 ········· 152

　　任务五　披萨面包 ········· 153

　　任务六　葡萄干面包 ········· 154

任务七 水果奶油面包 ·· 155
任务八 杂粮面包 ·· 156
附 录 ·· 158
参考文献 ·· 168

模块一　西式面点概述

学习目标

知识目标

- 了解西式面点发展概况及风味特点
- 了解西式面点的起源
- 了解西式面点的特点

能力目标

- 掌握西式面点的分类
- 培养学生良好的职业素养

模块导入

西式面点

西式面点（西点）英文写作"west pastry"，主要是指来源于欧美国家的点心。它是以面、糖、油脂、鸡蛋和乳品为主要原料，辅以干鲜果品和调味料，经过调制、成型、成熟、装饰等工艺过程而制成的具有一定色、香、味、形的营养食品。

西式面点源于欧美地区，但因国家或民族的差异，其制作方法千变万化，即使是同一个品种在不同的国家也会有不同的加工方法。因此，西式面点品种繁多，若要全面了解西式面点品种概况，必须首先了解西式面点的分类情况。图1-1所示为艺术蛋糕。

图1-1 艺术蛋糕

项目一 西式面点概况

西式面点是西餐烹饪的重要组成部分，以用料考究、工艺精湛、成型精巧、注重火候、品种丰富等为特点，在西餐饮食中起着举足轻重的作用，是西方饮食文化的代表作品。

任务一 西式面点的起源和发展

一、西式面点的起源和发展

在绝大多数国家中，无论是人们的主食还是副食，面点都占有十分重要的位置。西式面点是西方饮食文化中的一颗璀璨明珠，它同东方烹饪一样，在全球享有很高的声誉。欧洲是西式面点的主要发源地，西式面点制作在英国、法国、西班牙、德国、意大利、奥地利、俄罗斯等国家已有相当长的历史，它在人们的生活中占有极为重要的地位。

焙烤食品的起源很早。据史料记载，古埃及、希腊和罗马人是最早制作面包和蛋糕的。古埃及有一幅画，展示了公元前1175年年底比斯城的宫廷焙烤场面，从画中可看出几种面包和蛋糕的制作场景，有组织的烘焙作坊和模具在当时已经出现。

公元前4世纪，罗马成立了专门的烘焙协会。罗马人改进了面包的制作方法，发明了圆顶厚壁长柄木勺炉，这个名称来自烘制面包时用于推动面包的长柄铲形木勺。他们还发明了水推磨和最早的面粉搅拌机，用马和驴推动。罗马人重视面包，曾经将面包作为福利计划的一部分。此后面包师对面包的制作工具和方法进行了改进，加配牛奶、奶酪等辅料，大大改善了面包的风味，奠定了面包加工技术的基础，从而使面包逐渐风行欧洲大陆。

15世纪，西餐文化借助文艺复兴的春风迅速发展起来，遍及整个欧洲。首先，餐刀、餐叉、汤匙一系列餐具逐渐由厨房工具演变出来，成为进餐工具；其次，原始菜谱的出现，助推了西餐文化的发展；再次，文雅而复杂的用餐礼仪也渐渐形成和完善起来。初具现代风格的糕点也在此时出现，糕点制作不仅革新了早期方法，而且品种不断增加。烘焙业已成为相当独立的行业，进入一个新的繁荣时期。此时现代西点中两类最主要的点心，即派和酥相继出现。

16世纪初及中叶，凯瑟琳·迪·米迪锡（catherine de medic），出身名门旺族，嫁给了奥伦斯公爵。她带着一群名厨及点心师来到法国，促进了法国烹饪流派的形成。早期法国和西班牙在制作起酥时，采用了一种新方法，即将奶油分散到面团中，再将其折叠几次，使成品具有酥层，这种方法为现代起酥点心制作奠定了基础。

17世纪，荷兰人列文虎克发现并培养出酵母菌后，人们才真正开始认识酵母并将酵母加入面团制作面包。

18世纪，磨面技术的改进为面包和其他面点的制作提供了质量更好、种类更多的面粉，这些也为西式面点的生产创造了有利条件。

19世纪，在西方政体改革、近代自然科学和工业革命的影响下，烘焙业发展到一个崭新阶段，西式面点开始从作坊式生产步入现代化的生产，并逐渐形成了一个完整和成熟的体系。1870年压榨酵母和生酵母生产工业化，使面包等西式面点的机械化生产得到了根本性的发展。

20世纪初，面包工业开始运用谷物化学技术和科学实验成果，使面包的质量和生产技术水平有了很大的提高，其他各种面点品种也层出不穷。

当前，西点的生产方式早已是现代化生产，并且形成了体系，烘焙业在欧美十分发达。西式面点制作不仅是烹饪的组成部分，而且是独立于西餐烹饪之外的一个庞大的食品加工行业，成为西方食品工业的支柱之一。

 二、西式面点的发展趋势

西方饮食有着辉煌的历史，许多方面都有独到之处，是世界饮食三大流派之一，在当今社会具有举足轻重的地位。但是，随着社会的进步、经济的发展和竞争的需要，西方饮食也必须在继承和发扬自身优势、克服不足的同时，利用其他国家和流派的有益经验与科技成果，将饮食科学与艺术完美结合，创造新的辉煌。

任务二　西式面点的定义与特点

西式面点在西餐烹饪中的地位非常重要，那么什么是西式面点呢？

 一、西式面点的定义

西式面点简称西点，是指来源于欧美国家的点心。它是以面粉、酵母、盐、糖和水为基本原料，辅以适量油脂、乳品、鸡蛋、果料和调味料等，经过一系列的加工工艺过程制成的食品。其种类繁多、营养丰富、色香味俱佳，既可以作为餐前饭后的茶点，也可以作为主食享用。

 二、西式面点的特点

西式面点是西餐烹饪的重要组成部分，在西餐饮食中，无论是日常生活食用，还是各种类型的宴会消费，西点制品都是不能缺少的，同时，也形成了不同于其他食品的特点。

(一)用料讲究,营养丰富

西式面点用料讲究,无论是什么品种的点心,其面坯、馅心、装饰、点缀等用料都有各自选料标准,各种原料之间都有相互之间的配方比例,而且大多数原料都要求计量准确。

西式面点选用的原料多为乳品、油脂、蛋品、糖类、面粉、干鲜果品、巧克力等,并且用量较大。这些原料大都含有丰富的蛋白质、脂肪、糖、维生素等营养成分,它们是人体健康必不可少的营养素,因此,西式面点具有较高的营养价值。

(二)工艺性强,操作规范

西式面点不仅具有较高的营养价值,而且在制作工艺上还具有工艺繁杂、技法多样、注重火候、卫生安全等特点,不同的工艺也能体现不同的品质特点,有的质地松软,有的质地酥脆等。

西式面点制作工艺繁杂,无论是造型,还是装饰,都应按照要求规范操作,以更好地体现西式面点的实用性、时尚性,制作出能给人以美的享受的食品。

(三)产品美观,口味独特

西式面点的制作从各个环节来说,都会从产品的美观性出发,用简洁明快的手法,制作出赏心悦目的产品,有的造型美观,有的色泽诱人。

西式面点的口味常常以甜、咸为主,无论是冷制点心还是热制点心,甜点心还是咸点心,都具有味道清香的特点。制作西式面点时还会使用各种果酒、香料等辅料,使制品有更多的风味。

项目二 西式面点的分类及特点

西式面点的制作工艺及手法很多，同一个品种在不同国家或地区也有不同的加工方法，形成不同的风味特色。西式面点分类目前尚未有统一的标准，但在行业中常见的分类方法有以下几种。

一、混酥类

混酥类面团是以面粉、鸡蛋、砂糖、油脂等为原料，根据不同品种的需要再添加适量的化学膨松剂等调制而成的酥性面团。

混酥类面团是西式面点制作中最常见的基础面团之一，利用不同的模具、工具及添加不同的馅料，可加工成派、排、塔、曲奇饼干等不同的制品。曲奇饼干如图1-2所示。

图1-2 曲奇饼干

二、蛋糕类

蛋糕类面糊是以鸡蛋、砂糖及面粉或鸡蛋、砂糖、油脂及面粉为主料，通过搅打调制而成的。

清蛋糕制品具有松软、气孔均匀的特点。油蛋糕制品有良好的香味，柔软滑嫩的质感，入口香甜、回味无穷。装饰蛋糕具有添加装饰及点缀，突出主题或创意，体现艺术性与实用性相结合的特点。艺术蛋糕如图1-3所示。

图1-3 艺术蛋糕

三、面包类

面包类发酵面团是以面粉、水及酵母为主料，适量添加鸡蛋、砂糖、油脂及其他辅料，经搅打、调制而成的膨松面团。

面包制品利用酵母的生物膨松性，使制品具有松软、富有弹性的特点。根据使用原料、工艺性能及成熟方法的不同，面包一般分为软质面包、硬质面包、脆皮面包

图1-4 面包

和酥性面包。面包如图1-4所示。

四、甜品类

甜品类是以砂糖、乳制品、鸡蛋、水果或面粉为主料，配以增稠剂等辅料调制，通过热制或冷制而成的甜味制品。

甜品一般具有甜度适中、软糯滑爽等特点。根据原料不同，甜品一般分为果冻类、乳冻类、慕斯类、苏夫利等。果冻如图1-5所示。

图1-5　果冻

五、清酥类

清酥类面团是以面粉为主料，通过调制而成的冷水面团与油脂互为表里，擀叠而成的酥性面团。清酥制品的酥皮具有酥、松、略脆的特点。清酥如图1-6所示。

图1-6　清酥

六、泡芙类

泡芙类面团是以面粉、油脂、鸡蛋及水或牛奶为主料，经加热调制而成的烫熟面团。泡芙制品具有外脆、内软、中间空、外壳薄，且表面具有龟裂状的特点。泡芙如图1-7所示。

图1-7　泡芙

七、巧克力类

巧克力来源于可可树的果实——可可豆荚。经过发酵后的浅棕色的"未加工的"可可豆，赋予了巧克力浓郁而独特的香味。可可豆的主要成分是可可脂、可可粉等。按可可固形物的含量及添加料的不同，现代工业将巧克力加工成黑巧克力、白巧克力、牛奶巧克力等。巧克力如图1-8所示。

图1-8　巧克力

> **模块小结**
> 本课讲述了西点的起源和发展，西式面点的定义与特点，西式面点的分类及特点等内容，要求学生对西式面点有全面的认识和了解，为进一步学习西式面点制作技能打下良好的基础。

思考与练习

一、填空题

1. 焙烤食品的起源很早。据史料记载，＿＿＿＿、＿＿＿＿和＿＿＿＿人是最早制作面包和蛋糕的。

2. 公元前4世纪，＿＿＿＿成立了专门的烘焙协会。

3. 15世纪，西餐文化借助＿＿＿＿的春风迅速发展起来，遍及整个欧洲。

4. 17世纪，荷兰人＿＿＿＿发现并生产出酵母菌，人们才真正开始认识酵母并将酵母加入面团制作面包。

5. 1870年＿＿＿＿生产工业化，使面包等西式面点的机械化生产得到了根本性的发展。

6. 根据原料不同，甜品一般分为＿＿＿＿、＿＿＿＿、＿＿＿＿、＿＿＿＿等。

7. 清酥制品的酥皮具有＿＿＿＿的特点。

8. 根据使用原料、工艺性能及成熟方法不同，面包一般分为＿＿＿＿、＿＿＿＿、＿＿＿＿和＿＿＿＿。

二、简答题

1. 西式面点的定义是什么？

2. 西式面点的特点是什么？

3. 西式面点一般分为哪几类？

模块二　西式面点的设备及工具、用具

学习目标

知识目标

- 了解西式面点常用设备的种类和用途
- 熟悉各种常用设备的使用与保养方法

能力目标

- 能够正确使用西式面点常用设备
- 培养学生良好的职业素养

模块导入

面包的起源

传说公元前2600年左右,有一个埃及奴隶用水和面粉为主人做饼,一天晚上,饼还没有烤好他就睡着了,炉子也灭了。夜里,生面饼开始发酵,膨大了。等到这个奴隶一觉醒来时,生面饼已经比昨晚大了一倍。他连忙把面饼塞回炉子里去,他想这样就不会有人知道他活还没干完就大大咧咧睡着了。饼烤好了,又松又软。也许是生面饼里的面粉、水或甜味剂(或许就是蜂蜜)暴露在空气里的野生酵母菌或细菌下,当它们经过一段时间的温暖后,酵母菌生长并传遍了整个面饼。埃及人继续用酵母菌实验,成了世界上第一代职业面包师。图2-1所示为辫子面包。

图2-1 辫子面包

项目一 常用设备及工具、用具

制作西式面点所用的设备和工具是制作西式面点的重要条件，了解常用设备和工具的使用性能，对掌握西式面点生产的基本技能、生产技巧，提高产品质量和劳动生产率有重要意义。

任务一　成熟设备

西式面点常用的成熟设备主要有电烤箱、西式燃气连焗炉、蒸汽夹层汤锅、油炸炉、扒炉等。

一、电烤箱

电烤箱如图2-2所示，是中西式面点不可缺少的设备，具有加热快、效率高、节能、卫生等优点，主要用来烘烤酥点、面包、蛋糕等，有时也用来烩焖菜肴和烤制菜肴等。

图2-2　电烤箱

（一）电烤箱的构造

电烤箱内外均采用不锈钢材料制作，内腔用隔热材料，分多层，层之间也装有隔热材料；炉门较多采用双层玻璃门，隔热效果好。另外，烤箱还装有加热装置、温控装置、电子报警显示记时器、电路管短路显示装置等，有的还设有喷水装置。

(二)电烤箱的使用及维护

电烤箱应放在平整、宽敞的地方,离墙20厘米左右放置,接好电源,注意接地。工作时打开电源开关,调好预设温度和时间。不同的产品需要不同的温度(面火、底火、侧火)和时长,食物烤制一半时间后一般要打开炉门调一下头再烤,以保证受热均匀。

电烤箱上不可放置油类、水等液体,使用结束后要切断电源,打开炉门晾凉,内外都要清洁干净,但禁止用水冲洗,以免损坏电器零件。

> **注意事项**
> 不要将可燃物、塑料器皿放到炉顶、电烤箱内,以免引起火灾。不要将玻璃器皿放到电烤箱内,以免引起玻璃器皿爆裂。调整焙烤制品方向时应戴好隔热手套,以免烫伤。

二、西式燃气连焗炉

西式燃气连焗炉如图2-3所示,是西餐厨房烹调主要加热设备之一,它适用于炒、煎、扒、焗、烤等多种烹调方法,具有功能全、使用方便、易清洁、燃烧好等特点。

图2-3 西式燃气连焗炉

(一)西式燃气连焗炉的构造

西式燃气连焗炉由优质不锈钢制成,其外部结构包括氧化铸铁炉头或黄铜炉头、平头明火炉、暗火烤箱和煤气控制开关。

炉体内膛用优质不锈钢制成且用高密度玻璃纤维包住,能恒久保温。

炉门是双层玻璃纤维门,隔热好,门表面由不锈钢板制成,拉手是电木制品。

西式燃气连焗炉一般设有自动点火装置和温控装置,黄铜制造的开关密封性较好,能防止漏气。

(二)西式燃气连焗炉的使用及维护

(1)点火前,首先检查有无漏气现象,各开关旋钮是否处于关闭状态,发现有漏气现象,应立即关闭燃气阀门,并通风排气。

（2）拧开气阀，转动自动点火器及其他控制开关，调到所需要位置时，便可烹制菜肴了，同时可利用焗炉烘烤食品。

（3）使用完毕，立即关闭所有开关和总气阀，关闭程序不要颠倒，应先熄火，依次关闭阀门，防止负压回火。

（4）每日清洗炉灶表面油污、杂物，疏通灶面上下水道，每周清洁一次炉内燃烧器和挡板上的污物。

（5）定期检查炉灶的使用情况，如有故障及时维修。

> **注意事项**
> （1）切勿将易燃物品（如毛巾等）放在炉面任何位置，否则可能引起燃烧发生火灾事故。
> （2）关闭气阀时，应先关闭灶上的煤气开关，然后依次关闭其他开关，防止负压回火。

三、蒸汽夹层汤锅

可倾式蒸汽夹层汤锅如图2-4所示，它采用蒸汽为热源，其锅身可倾覆，以方便进卸物料。此设备为间隙式熬煮设备，适用于酒店、宾馆、食堂及快餐行业，常用于布朗基础汤的熬制，肉类的热烫、预煮，配制调味液或熬煮粥和水饺类产品。此锅对处理粉末及液态物料尤为方便。

图2-4　可倾式蒸汽夹层汤锅

（一）蒸汽夹层汤锅的构造

蒸汽夹层汤锅主要由机架、蒸汽管路、锅体、倾锅装置组成，主要材料为优质不锈钢，符合食品卫生要求，外观造型美观大方，使用方便省力。倾锅装置通过手轮带动蜗轮蜗杆及齿轮传动，使锅体倾斜出料。翻转动作也有电动控制的，使整个操作过程安全且省力。

（二）蒸汽夹层汤锅的使用及维护

蒸汽夹层汤锅通过蒸汽加热，传热效率高，不会糊锅。使用前先将锅上方的水龙头打开，向锅内加注适量的水，然后打开蒸汽阀门，此时要看压力表，一般蒸汽压力为不大于0.3兆帕，有的可达0.5兆帕，此时汤锅进入工作状态。

使用结束后，要清洁汤锅，经常检修倾锅装置和蒸汽阀门，不要将毛巾等物品放在气压表上。

> **注意事项**
> （1）所需蒸汽压力的大小要参考产品说明书，一般蒸汽压力不得大于0.3兆帕，使用时要注意安全，如果蒸汽阀门年久失修，在打开或关闭阀门的一瞬间可能被蒸汽烫伤，所以使用时要用毛巾等包住阀门再拧。
> （2）蒸汽管道是输送高压蒸汽的，一定要选用符合质量标准的管道，不能随意乱接。蒸汽管道外面还要有隔热层，以防烫伤人。

四、油炸炉

油炸炉一般为长方形，如图2-5所示，主要由油槽、油脂自动过滤器、钢丝炸篮及热能控制装置等组成。油炸炉以电加热为主，也有气加热，能自动控制油温。

油炸炉是西餐厨房用来制作油炸食品的主要设备，具有投料量大、工作效率高、温度可设定调节、自动滤油、操作方便等特点。

（一）油炸炉的构造

油炸炉由不锈钢结构架、不锈钢油锅、温度控制器、加热装置和油滤装置等组成。

（二）油炸炉的使用及维护

（1）将食油（植物油或起酥油）注入锅内，油面最低不得低于"MIN"线，最高不得高于"MAX"线。接通电源或打开燃气开关，预调到所需温度，当发热管停止工作时，便可投入原料炸制食物。炸制食品时不可使用旧油，以免降低沸点或过度沸腾。

（2）油缸内的隔油网是为油槽而设的，在炸制食品时，该隔油网必须放在油缸内。操作时要保证油温控制器正常工作，油温控制器一旦失灵，自控效果即丧失，因此，工作人员不能离开炉灶，工作完毕后，关闭开关，确认熄灭后方可离开。

图2-5 油炸炉

（3）滤油是保证食品质量和延长炉具寿命的必要环节，在清理残渣及污物或放掉旧油时应待油温降低到常温才能进行，以防热油烫伤人。其操作步骤为：先把炸篮及油网取出，放置干燥处，然后打开柜门，打开卸油阀，放出旧油或放出残渣及油污，最后打开抽油阀，利用抽油循环对油缸进行清理。

（4）待油炸炉冷却后，用蘸有洗涤剂的湿抹布擦去油渍与污垢，再用清洁布擦干。

> **注意事项**
>
> （1）滤油时每次都要用滤油标尺检测，滤油标尺显示为一格、二格、三格的都要滤油，待油温降低时撒滤油粉，更换滤油纸（每滤一次油更换一次滤油纸），滤完的油经滤油标尺检测可达七格。
>
> （2）检测是否漏气时千万不要用明火点火测试，要用肥皂水或用检测仪器测试连接处是否有漏气。
>
> （3）将食油注入锅内，油面高度应在"MAX"线和"MIN"线之间。

五、扒炉

扒炉有煎灶和坑扒炉两种，如图2-6所示。

煎灶表面是一块1~2厘米厚的平整铁板，四周滤油，主要用电和燃气作为能源，靠铁板传热使被加热体均匀受热，且铁板有预热过程。

坑扒炉结构同煎灶相仿，只是表面不是铁板，而是铁铸造的倒"T"字形铁条，主要用燃气、电和木炭作为能源，通过炉下面火山石的辐射热和铁条的传导，使原料受热，坑扒炉同样有预热功能。

图2-6　扒炉
（a）煎灶；（b）坑扒炉

（一）扒炉的功能与特点

西餐厨房使用的扒炉有电扒炉和燃气扒炉两种，用于煎扒肉禽类、海鲜类、蛋类等食品，也可用来制作铁板炒饭、炒面、串烧等菜肴。

西餐扒房用餐环境十分讲究，扒炉的安装既要便于客人点餐观赏，又不能破坏餐厅整体格局，扒炉上方装有排油装置，及时排除煎扒菜肴产生的油烟污气。

（二）扒炉的构造

西式扒炉由厚平铁板、不锈钢构架、不锈钢管发热器（或是一排排燃气喷嘴）和温度控制器等组成。

电扒炉的发热由电阻丝以线卷形式置于不锈钢管中，不锈钢管装在平面铁板的下面，通电后将热传导给铁板，食物平放在铁板上煎扒烹制。电扒炉的正面装有温度控制器，以便调节温度。

燃气扒炉一般是铸铁炉头，燃烧器具是无缝钢管，能起到稳定火焰的作用；燃气扒炉可更换的喷嘴能适合不同的气体使用；调节火力的开关阀大多是黄铜制造，能防止漏气；内腔一般用绝热材料（玻璃纤维）制成，能恒久保温，便于烹调。

（三）扒炉的使用及维护

（1）扒炉应安装在通风、干燥、无灰尘、较平整的位置，离墙至少10厘米，而且要便于走电线或铺设燃气管道。

（2）使用前将铁板清洗干净，打开开关，调节温控器旋钮（火力旋钮）。在铁板上刷上适量的食油后便可煎扒食物。

（3）根据煎扒食物原料的不同适当调节温度，使火力均匀，保证菜品达到色、香、味俱全的效果。

（4）烹制完毕要关闭电源（或气阀）。待冷却后，再清除油渍和食物残渣，用洁净的抹布擦干待用，炉内的燃烧器要定期清洁，并定期做好炉具的维护保养和调试工作。

> **注意事项**
>
> 燃气扒炉和电扒炉性能一样，只是在安装结构和火力运用方面略有差别。

> ◎知识链接
>
> （1）不同地区使用的气体种类和压力不同，请按当地使用的气体种类、压力作为标准选择喷嘴。
>
> （2）不要改变设备正常工作所需要的通风空间。
>
> （3）宜用温热的肥皂水清洁炉具的不锈钢表面，然后彻底冲洗干净，严禁直接用高压水枪冲洗设备。

六、面火焗炉

面火焗炉也称面火炉，是一种立式的扒炉，中间炉膛内有铁架，一般可升降，热源在顶端，适用于原料的上色和表面加热。

面火焗炉有燃气焗炉和电焗炉（图2-7）两种，其工作程序都是将食品直接放入炉内受热、烘烤的一种西餐厨房常用设备。该炉具自动化控制程度较高，操作简便。烤制时食品表面易于上色，可用于烤制多种菜肴，还适用于各种面包、点心的烘烤制作。

图2-7　电焗炉

（一）面火焗炉的构造

焗炉由炉体、电加热器（或燃气喷嘴）和自动控制装置等组成，其规格和类型较多。

（二）面火焗炉的使用及维护

（1）使用前，必须检查电源是否正常，保证电源电压与炉具使用电压相符合。

（2）升高顶箱，把要烹制的食品送入不锈钢盘上，向上或向下垂直地拉动顶部的手柄，调节热源与烹调食物表面的距离。根据处理需要松开手柄，热源随即停在所选定的高度。

（3）当温度达到设定值时，温控器自动切断热源，加热设备暂停工作，准备进行下一个烘烤循环，但有时温控装置会失灵，所以加热食品时操作人员最好不要离开，以免影响食物品质或出现安全隐患。

（4）烤制结束时，把顶箱升到顶部，取出已经烤制好的食品。

（5）关掉电源，待炉具冷却后再清理干净。

> **注意事项**
>
> （1）检查电源安装是否正常，保证电源电压与炉具使用电压相符合。
>
> （2）比例器顺时针方向旋转到最大位置时为常加热位，表示电热管一直通电工作，而非循环加热方式。

> ◎知识链接
>
> 烤箱的种类较多，分工业用烤箱和家用烤箱两大类。工业用烤箱按形状和功能分为层式平箱、旋转烤箱、隧道烤箱等；按热源分为电烤箱和燃气烤箱。家用烤箱有嵌入式烤箱和台式小烤箱两种。

七、万能蒸烤箱

（一）万能蒸烤箱的功能与特点

万能蒸烤箱如图2-8所示，是集焙烤、蒸、烤、煎、煮、焖、烫、煲等于一身的多功能烹饪设备，实现了烹饪多样化、自动化、智能化，烹制出的食品色、香、味俱佳，且混合烹饪不串味，保留原料营养成分不流失。

（二）万能蒸烤箱的使用及维护

（1）设备需安装在通风适当的环境中，离墙50厘米左右，适当接地；

（2）严格按设备说明进行食物烹制操作；

（3）禁止将盆或工具类物品放在炉顶，以免阻塞烟雾和蒸汽排放；

（4）核心温度探针是精密仪器，在操作过程中要小心处理；

（5）严禁蒸煮可燃液体，如含酒精饮料等；

（6）每天使用完毕后，要用烤炉清洁剂按设备说明清洁烤箱内部；

（7）严禁用水喷洗设备；

（8）设备出现运转故障时应将其关闭，进行维修；

（9）每年对设备进行一次总体检查。

图2-8 万能蒸烤箱

八、披萨烤炉

披萨烤炉如图2-9所示，是专门用来烤制披萨的专用设备，一般在披萨店用得较多，主要是用电加热，干净卫生。

（一）披萨烤炉的构造

披萨烤炉包括不锈钢炉体、滚轴型运输带、电

图2-9 披萨烤炉

加热设备、温控器和定时定速设备等。

(二) 披萨烤炉的使用及维护

接通披萨烤炉电源后，打开开关。根据要求调到预设温度和时间（该机器需要预热），把做好的披萨饼放到滚轴上可自动传输进去，并且可同时烤数个披萨。按预设的温度、时间、速度烤好后，披萨饼可自动运出。

披萨烤炉使用完毕要关闭电源，晾凉烤箱，烤网用刷子刷干净，滚轴用抹布擦干净。平时也要保持机器清洁，不要将抹布等易燃物放在机器上，以防发生火灾。

任务二　机械设备

现代西式面点加工过程中，食品加工机械占有重要地位。它大大减轻了厨师的劳动强度，使工作效率成倍增长。

一、和面机

和面机如图2-10所示，又称拌粉机，主要用于拌和各种粉料，是面点加工中的主要专用设备，多种面类食品，如面包、糕点、馒头等所需要的面团均可按其不同要求进行搅拌。

图2-10　和面机

(一) 和面机的构造

和面机有立式和卧式两种，种类不同，零件结构也有所差别，但主要部件基本相同，均有电动机、减速器、传动机构、防护篮、搅拌桨、料斗、控制系统及机架等。

（二）和面机的使用及维护

1.和面机的使用

根据不同产品的工艺要求选择不同形状搅拌桨的和面机。如将原料混合并搅拌均匀，可选用叶片式搅拌桨；如将原料揉和而不考虑损坏原料的面筋，则选用曲桨式搅拌桨；如既要原料揉和又要考虑不损坏面筋，应选用棒桨式搅拌桨。

使用和面机时应根据型号确定最大拌粉量，不许超载，以免损坏机件。接通电源后应注意搅拌桨旋转方向与传动带罩上的标牌箭头是否一致，正常使用时应保持一致。

和面机必须放置平稳，外壳必须接地良好，以免漏电而引发事故。和面时先清洁料缸，然后将面粉倒入缸内，加入适量的辅料、水或其他液态原料，需要使用冰块时必须使用碎冰。开动电动机运转，进行拌和，出料必须在机器停止运转后进行，严禁在和面机工作时将手放进面斗内。

2.和面机的维护

料缸、搅拌桨和机身在使用前后都要保持清洁卫生，若用水清洗设备，应先断开电源，严禁把水滴入电动机内。

要经常注意设备润滑情况，及时给减速箱和其他摩擦件加注润滑油，V带过松时可先松开电动机底脚螺钉，将螺钉位置沿槽做适当调整，然后将螺钉旋紧即可。

◎知识链接

面包制作过程中的搅拌就是将面粉、盐、水、酵母以及其他材料混合起来，制成面团的过程。搅拌的作用：

（1）充分混合所有原料，使其成为均匀的混合物。

（2）使面粉等干性原料完全与水混合，加速面筋的形成。

当面粉与其他原料和水一起放入搅拌缸时，水湿润面粉颗粒的表面部分，形成一层胶韧的膜。搅拌不良则面粉颗粒的中心部分很难受到水的湿润，使面粉水化不均匀。均匀的水化作用是面筋形成、扩展的先决条件。搅拌的目的之一是使所有面粉在短时间内都吸收到足够的水分，以达到均匀水化。

（3）扩展面筋，使面团成为具有一定弹性、韧性和延展性的面团。

①因所制作面包的种类不同而各有不同，因此搅拌结束时并不一定要求面筋都能完全伸展。但搅拌完成时间要求越快越好，因面粉吸收水分后很快形成面筋，快速搅拌可真正使面粉均匀水化形成面筋，若不能快速完成搅拌，则面粉水化不完全，水分无法完全进入面粉，结果面团的黏性变差、变松散，只能做出体积不足、易老化的面包。

②如果想把面包做得柔软，就要在面团中多放水，或者多放鸡蛋（但搅拌机必须精密度高、转速快，否则多加水会造成水分不能吸收，面团太黏）。太硬的面团伸展性差，不容易烤出体积大的面包。面包的体积决定于面团中的二氧化碳气体。一般认为搅拌的最佳状态就是使面筋具有良好的延展性，以及承受二氧化碳膨胀的强韧性，即具有良好保持气体的能力。

③搅拌开始时将材料分散，然后经过一定过程再混合起来。在面团产生黏性之前，将材料充分分散、混合极为重要。因此搅拌机转速不能太快，若太快，则材料未能充分分散面粉和水分就结合产生面筋组织，而致使与其他成分混合不充分（也就是搅拌机的转速要足够慢）。

④搅拌完成时，由于机械作用，面团变得非常柔软、干爽且不粘手。此时随着搅拌钩转动的面团会黏附在缸壁上，但当搅拌钩离开时，面团又会随钩而离开缸壁并不时发出"劈啪"的打击声和"唧唧"的黏缸声。搅拌和发酵有密切的关联，搅拌完成时面团温度最好控制在24~30 ℃范围内。因此夏天时要适当加冰水以降低面团温度。

二、压面机

压面机如图2-11所示，又称压皮机、揉面机，是加工面皮和揉面的专用设备，其作用主要是将松散的面团压成紧密的规定厚度要求的面片，并在压面过程中进一步促进面筋网络形成，使面团或面片具有一定的筋力和韧性。压面机适用于制面片、皮料及揉面，是餐厅、食堂理想的面食制作机械，根据压辊对数的多少，压面机可分为双辊压面机和多辊压面机，双辊压面机可用于各种不同厚度的皮料滚压，适用于小批量生产，多辊压面机主要用于生产线上批量生产。

图2-11 压面机

（一）双辊压面机的构造

双辊压面机的两个压辊，直径相同，转速相等，旋转方向相反。两个压辊的转速较慢，扭矩较大，机架一般由铸铁构成。

（二）压面机的使用及维护

在压制面皮及压面过程中，因各种产品对皮料厚度的要求不同，对两辊之间的间隙也有不同要求，所以它们之间的中心距也需要进行调节，当旋转调节手轮时，被动压辊虽然位置变动，但两个压辊的轴心线总是相互平行。若出现下列情况，应加以调整：

（1）面辊间面皮堆积，应调小压辊间隙；
（2）面辊间面皮拉断，应调大压辊间隙；
（3）面皮平面跑偏，应调整压辊两边的间隙，以保证两压辊始终平行。

◎知识链接

压面机放置平稳，接电源线时应接好地线，并注意机器运转方向。每次使用前，应调整手轮后，将机器空转一两次，并在各润滑部位加注机油，检查正常运转后再使用。转动手轮，将压辊间隙调整适当。开机后，把和好的面团放到进料板上，引入压辊之间，反复压制至需要厚度。

机器运转时，注意不要将手或硬物伸到压辊之间，以免夹伤手或损坏机器；不要用手驱动齿轮、皮带、链条等，以免夹伤。若出现面辊粘面，待清除粘面后，调整间隙可继续工作，使用后，在停止条件下将各部分间的剩余面粉扫除干净。机器要定期加润滑油，一般每使用半年应给滚动轴承和齿轮清洗换油一次，V带长时间使用会拉长，应及时调整。检查电路的安装情况，约一年一次。

三、分割滚圆机

分割滚圆机如图2-12所示，主要用来分割面团和搓圆面团。其特点是分割较标准、速度快（是手工的24倍左右），且省时省力。分割滚圆机在酒店中是做面包不可缺少的机器，被普遍采用。

图2-12　分割滚圆机

（一）分割滚圆机的构造

分割滚圆机有较重的铁铸底座，并配有电动机、分割装置、压杆、模盘等部件。

（二）分割滚圆机的使用及维护

使用分割滚圆机时，将面包的个数和重量计算好，然后按一定的重量把大面团称好，揉成大圆饼，稍作醒发。基本的发酵可使面团有伸展性，易于铺盘。然后适当地调整调节轮，把铺好盘的面团放入分割滚圆机，调到压平挡先压平，再稍作醒发，伸展一下，再打调分割挡分切、搓圆即可。不用时将机器清洁干净，并经常检查转动部件，用润滑油润滑，以保持分割滚圆机的良好工作状态。

> ◎ 知识链接
>
> （1）将发酵过的面团按想要做的面包重量进行分割，分割后几乎所有的面团都要滚圆，这样做可以使分割后的小面块变成完整的小球，为下一步的造型工序打好基础，并且使面团表面光洁。经过滚圆可以恢复被分割的面筋网络结构，排出部分二氧化碳气体，便于酵母的繁殖和发酵。
>
> （2）分割是按照体积使面团变成一定重量的小面团，但发酵是在不断进行的。一槽面团的全部分割控制在20分钟内完成，不可超时。因为同一槽内面团若分割时间拖得太长，无形中使最后分割的面团超过了预定的发酵时间，无法保持面团的一致性。
>
> （3）分割后的面团不能立即进行整形，而要进行滚圆，使面团外表有一层薄的表皮，以保留新产生的气体，使面团膨胀。同时，光滑的表皮有利于后序操作中不会被黏附，烤出的面包表面也光滑好看，内部组织颗粒均匀。
>
> 滚圆的效果亦和操作机器的熟练程度有关，机器滚圆的效果不能和手工相比。不过面包制作程序在滚圆后还有整形、发酵及焙烤。滚圆只要求成膜可保气。
>
> 太硬的面团不容易铺盘且滚圆效果不理想，水分在55%以上、糖油适量、基本发酵充足的面团对滚圆效果有明显的提升作用。
>
> 滚圆之后的面团底部收口不是很紧，对以后的操作程序和面包质量都没有影响，反而可使面团更为柔软，易于整形。

四、面包切片机

面包切片机如图2-13所示，主要用来切多士面包，是酒店、面包店不可缺少的设备。

（一）面包切片机的构造

面包切片机包括不锈钢架、不锈钢下料口、托盘、锯刀、电动机、调节锯条之间宽度的装置和电源开关等。

图2-13 面包切片机

（二）面包切片机的使用及维护

将面包放入下料口，调整好刀距，打开电源，就可利用料板的斜面和面包的自重，使面包自动滑入切片装置，并切成规定大小的面包片。如果面包不下来或摆放不正，不可用手去推面包，可用下一个面包去推，以防伤手。

面包切片机使用完毕后应清洁干净，一般不用水冲洗，用干抹布或湿抹布清洁干净即可。

任务三 恒温设备

厨房制冷设备有冷冻和冷藏两大类，冷冻设备温度大多设定在 –23~–18 ℃，主要用于较长时间保存低温冷冻原料或成品；冷藏设备温度大多设定在 0~10 ℃，主要用于短时间保鲜，可保存蔬菜、瓜果、豆、奶制品等原料、半成品及成品。有的还可以制作冷冻食品。

 一、电冰箱

（一）电冰箱的分类

（1）按用途分类见表2-1。

表2-1 电冰箱按用途的分类

类型	温度	用途
冷藏电冰箱（单门电冰箱）	0~10 ℃	冷藏食品，可在蒸发器围成的冷冻室内制取少量冰块
冷藏冷冻电冰箱（双门或三门电冰箱）	冷藏室内温度为 –2~8 ℃ 冷冻室温度为 –18~–12 ℃	冷藏室与冷冻室之间相互隔热 冷藏室用于冷藏食品，冷冻室用于冷冻食品
冷冻电冰箱	–18 ℃以下	专门用于冷冻食品

（2）按箱内冷却方式分类见表2-2。

表2-2　电冰箱按箱内冷却方式的分类

类型	优点	缺点
直冷式电冰箱（有霜冰箱）	结构简单，价格低廉，耗电量小	冷冻室易结霜，化霜麻烦，现在生产量较小
间冷式电冰箱（无霜冰箱）	自动除霜，制冷效果好，降温速度快	结构复杂，价格较贵，耗电量大

（3）按温度等级分类，温度等级是指冷冻室内所能达到的冷冻储存温度级别，国家标准用"＊"表示，双门双温电冰箱按温度等级的分类见表2-3。

表2-3　双门双温电冰箱按温度等级的分类

分类	符号	冷冻负荷实验温度	冷冻食品可保存时间
一星级	＊	不高于-6 ℃	约1星期
二星级	＊＊	不高于-12 ℃	约1个月
高二星级	＊＊	不高于-15 ℃	约1.8个月
三星级	＊＊＊	不高于-18 ℃	约3个月
四星级	＊＊＊＊	-18 ℃以下	3个月以上

（二）电冰箱的构造

电冰箱由箱体、制冷系统和电路三部分组成。外壳和门体一般用0.5~1毫米的优质冷轧薄钢板弯折成型或点焊组装，然后进行表面喷漆或喷塑处理，使箱体耐腐蚀和美观。

内胆用2厘米厚的ABS工程塑料经一次真空吹塑成型，在箱壳和内胆之间填充隔热材料。

（三）电冰箱的使用及维护

（1）电源插头要插到位；电源插头或电源线如有损坏，务必请专业人员进行维修，勿自行更换。

（2）必须使用规格为15安以上的三脚电源插座，接地线不得引到电话线、水管、煤气管道及避雷针线上。

（3）不要在电冰箱附近使用可燃性喷剂，避免引发火灾或爆炸。

（4）一旦煤气等易燃气体泄漏时，不要插、拔电冰箱插头。要先关闭泄漏气体的阀门，并开窗换气，以免引起爆炸。

（5）电冰箱上部不要放置重物，以防因开关门使重物跌落伤人。

（6）已经解冻的食品，尽量不要再放进冷冻室，以免影响食品的质量。

（7）电冰箱要经常清洁，有霜冰箱还要定期化霜，保持电冰箱的卫生和正常使用。

二、冷柜

冷柜又称冷藏箱或厨房冰箱，它的制冷循环系统和温度控制系统与电冰箱基本相同。厨房常用的小型冷柜体积约为0.6~3立方米，柜内温度约为0~15 ℃。

（一）分类

冷柜的结构有立式前开门和卧式上开门两种。立式冷柜大多是多门形式，它的压缩机组大多装置在柜体顶上，如图2-14所示。卧式冷柜为上开门式，冷气不易逸出，外界热空气不易侵入，其压缩机通常装置在柜底部，如图2-15所示。

（a）

（b）

图2-14　立式冷柜

（a）六门冰箱；（b）四门冰箱

图2-15　卧式冷柜

（二）冷柜的常见故障及处理

冷柜的常见故障及处理措施见表2-4。

表2-4　冷柜的常见故障及处理措施

症状	原因	处理
不制冷	1. 电源插头松动脱落 2. 开关断开	1. 重新插好插头 2. 接通开关
制冷慢	1. 食品堆放过多，使冷气没有通道 2. 阳光直射或附近有热源 3. 冷凝器上尘土太多，异物堵塞	1. 调整食品位置 2. 重新放置 3. 清理冷凝器
噪声大	1. 地面不牢固 2. 冷柜可调脚未调好	1. 加固地基 2. 重新调整

三、小型的冷库

（一）冷库的构造

目前，大中型饭店厨房常用的小型冷库有固定式和活动式两种，冷库体积一般在6~10立方米。

（1）固定式小型冷库的制冷系统及设备，由生产厂家提供并负责组装、调试，冷库的绝热防潮围护则采用土建式结构，一般由用户按照设备工程要求负责建造。

（2）活动式冷库，又称可拆式冷库或拼装式冷库，这种冷库具有重量轻、结构紧凑、保温性能好、安装迅速等特点。图2-16所示为活动式冷库外图。

图2-16　活动式冷库

（二）冷库的使用及维护

1.冷库的除霉、杀菌与消毒

冷藏的烹饪待用原料和食品中都有一定的脂肪、蛋白质和淀粉等营养成分，在冷库卫生条件不好的情况下，霉菌和细菌会大量繁殖生长。如储藏鸡蛋的冷库若常年有霉菌，鲜蛋也会生霉变质，造成经济损失，影响企业的经济效益。为做好冷库卫生管理工作，就要定期除霉、杀菌与消毒。目前可选用酸类消毒剂如乳酸、过氧乙酸、漂白粉等对冷库进行消毒。

2.冷库排除异味的方法

冷库中的烹饪原料及食物在外界因素的影响下，通过物理、化学的变化，产生不正常的气味，天长日久，不排除就会对烹饪原料的质量产生影响。

常用的排除异味的方法如下：

（1）臭氧法。臭氧具有强烈的氧化作用，不但能消除冷库中的异味，还能抑制微生物的生长。

（2）甲醛法。将冷库内的货物搬出，用质量分数为2%的甲醛水溶液进行消毒和排除异味。

（3）食醋法。装过鱼的冷库，鱼腥味很重，不宜装其他食品，必须经彻底清洗排除鱼腥味后，方可装入其他食品。

四、制冰机

（一）制冰机的功能与特点

制冰机又叫冰块机，如图2-17所示，是饭店厨房专门用来制作食用冰块的一种制冷设备。目前，市场上常见的制冰机日产冰量为10~300千克。

图2-17　制冰机

（二）制冰机的构造

制冰机由不锈钢机体、制冷系统装置和供水制冰系统等组成。制冷原理与电冰箱完全相同。

制冰系统由微型水泵、喷嘴、水槽、储冰槽等组成。

◎知识链接

制冰机工作过程

（1）微型水泵把水从水槽内吸出，通过喷嘴把水喷洒在冰模上，直到冰块达到规定标准。

（2）冰块达到标准后，使压缩机和水泵停止工作，同时接通脱模电热器的电源，使蒸发器表面的冰块受热，并在自身重量作用下落入储冰槽中。

（3）储冰槽的触动开关能根据冰槽内冰量的多少，自动控制制冰机的开机和关机。

五、保鲜陈列柜

保鲜陈列柜如图2-18所示，多用于餐厅、酒吧、热食明档、自助餐厅、歌舞厅等场所。该设备便于各种食品的日常展示和陈列，方便消费者对食品的选择，并能保持食品的低温和新鲜。保鲜陈列柜款式很多，冷藏温度为2~10 ℃。

图2-18　保鲜陈列柜

六、保鲜砧板操作台

随着厨房设备现代化程度的提高，为方便操作者使用和节省厨房面积，饭店厨房保鲜砧板操作台逐渐被采用。

保鲜砧板操作台如图2-19所示，其工作原理是在台下的柜中安装管式制冷设备，以便配菜时随时将原料入柜保鲜。保鲜柜的温度一般为0~8 ℃，原料保鲜一般不超过两天。

图2-19　保鲜砧板操作台

> **注意事项**
> （1）保鲜砧板操作台注意清洁卫生。
> （2）电器部分避免潮湿。
> （3）保鲜砧板操作台不能受太大的震动，以免损坏台面及电器制冷部分。

七、冰淇淋机

冰淇淋机由制冷机组、搅拌器、硬化箱等系统组成，如图 2-20 所示。该机的蒸发器多为圆筒形，筒内蒸发温度在 -20~25 ℃，沿筒内壁旋转的刮拌架由筒后端的减速机构带动，筒前部装有一个活络盖，盖上部是装料口，下端为放料口。制冰淇淋时，接通电源，装入配好的原料，刮拌架以一定速度搅拌刮削筒内壁和搅拌原料，并由蒸发器冷却为微小而松散的冰渣，逐渐冻结成半固体状态后，由前盖放料口放出。

八、醒发箱

醒发箱如图 2-21 所示，是面点加工不可缺少的专业设备，在中式发酵面点及西式面点的制作加工中有着举足轻重的地位。根据其功能有三种形式：普通最终醒发箱、延时醒发箱和冷藏醒发箱。

图 2-20　冰淇淋机

图 2-21　醒发箱

（一）醒发箱的构造

醒发箱内外均采用不锈钢制作，拼装式结构。醒发箱带有独立的加热、加湿系统和温控装置，有热风循环风机保证箱内的温、湿度均匀。醒发箱设有内置灯，内顶设有滴水盘防止水滴滴落在面团上，门上有隔热的宽大玻璃窗口可清晰观察发酵过程。

（二）醒发箱的使用及维护

（1）将醒发箱平稳放置在适当的位置上，箱背离墙距离大于 20 厘米。将醒发箱的电源线接上，并按照电器安全规程接好箱体安全保护地线，即可准备使用。

（2）使用醒发箱时必须先确认水槽是否有水。接通电源（电源指示灯亮），当加热指示灯亮时表明电热管通电加热。醒发箱可手动操作也可预设编程控制温度、湿度，在不需要延时的情况下，一旦调好后短时间内就不再改动。当温度达到或超过设定值时，温控器便自动切断电源，当温度下降至设定值的下限时，温控器又会自动接通电源，循环加热。若需延时可根据焙烤时间要求设定每次的醒发程序；同时可根据酵母的特性随意调节温度和湿度，使酵母充分发酵。温度和湿度的调节皆是相对值而非绝对值，因此在不同季节必须视情况做调整。冷藏醒发箱另带制冷系统。

（3）当醒发箱停止使用时要关闭开关，切断电源以确保安全。

注意事项

（1）使用醒发箱时必须先确认水槽是否有水，贮水高度必须超过电加热管，以免工作时将电加热管烧坏。

（2）醒发温度不宜过高，否则会影响酵母菌正常繁殖，甚至可以导致菌种死亡。

（3）箱体要保持内部、表面清洁，箱顶不得堆压物品，以免影响操作。

◎知识链接

（1）醒发的目的是使面团重新产气、膨松，以得到制成品所需的体积，并使面包成品有较好的食用品质。因为面团经过整形操作后，尤其是经压片、卷折、压平后，面团内的大部分气体已被赶出，面筋也失去原有柔软性而显得硬、脆，故若此时立即进炉烘烤，面包必然是体积小，内部组织粗糙，颗粒紧密，且顶部会形成一层壳。所以要做出体积大、组织好的面包，必须使整形后的面团进行醒发，重新产生气体，使面筋柔软，得到大小适当的体积。

（2）醒发的温度一般控制在35~38 ℃，（丹麦类除外），温度太高，面团内外的温差较大，使面团醒发不均匀，导致面包成品内部组织不一致，有的地方颗粒好，有的地方却很粗。同时，过高的温度会使面团表皮的水分蒸发过快，而造成表面结皮。温度太低，则醒发时间过长，会造成内部颗粒很粗。

（3）通常醒发湿度为80%~85%，湿度太大，烤出的面包颜色深，表皮韧性过大，出现气泡，影响外观及食用质量。湿度太小，面团易结皮，使表皮失去弹性，影响面包进炉烘烤时膨胀，且表皮色浅，欠缺光泽，有许多斑点。

（4）一般醒发时间是以达到成品的80%~90%为准，通常是60~90分钟。醒发过度会导致面包内部组织不好、颗粒粗、表皮白、味道不正常（太酸）、存放时间减短。如果用的是新磨的面粉则面团体积会在烤炉内收缩。醒发不足，面包体积小，顶部形成一层盖，表皮呈红褐色，边皮有燃焦现象。现实中每个品种的面包的正确醒发时间，只能通过实际试验来确定。

任务四　储物设备及工作台

在西式面点加工过程中，还有许多辅助的设备，对西式面点制作起着重要作用。

一、储物柜

储物柜多用不锈钢材料制成（也有用木质材料制成的），用于盛放大米、面粉等物品。不锈钢储物柜如图2-22所示。

图2-22　不锈钢储物柜

二、盆

盆一般有木盆、瓦盆、铝盆、搪瓷盆、不锈钢盆等，其直径有30~80厘米等多种规格，用于和面、发面、调馅、盛物等。

三、桶

桶一般分为不锈钢桶（图2-23）或塑料桶，主要用于盛放面粉、白糖等原料。

图2-23　不锈钢桶

四、工作案台

工作案台是指制作点心、面包的工作台，又称案台、案板。它是制作面点的必要设备。由于案台材料的不同，目前常见的有不锈钢案台、木质案台、大理石案台和塑料案台四种。

（一）不锈钢案台

不锈钢案台如图2-24所示，一般整体是用不锈钢材料制成的，表面不锈钢板材的厚度为0.8~1.2毫米，要求平整、光滑，没有凸凹现象。不锈钢案台美观大方、卫生清洁，且台面平滑光亮，是目前各级饭店、宾馆采用较多的工作案台。

图2-24　不锈钢案台

（二）木质案台

木质案台如图2-25所示，其台面大多用6~10厘米厚的木板制成，底架一般有铁制、木制等几种。台面的材料以枣木为最好，柳木次之。案台要求结实、牢固、平稳，表面平整、光滑、无缝。此为传统案台。

图2-25　木质案台

（三）大理石案台

大理石案台如图2-26所示，其台面一般是用4厘米左右厚的大理石材料制成，由于大理石台面较重，因此其底架要求特别结实、稳固、承重能力强。它比木质案台平整、光滑、散热性能好、抗腐蚀力强，是做糖制品的理想案台。

图2-26 大理石案台

(四) 塑料案台

塑料案台质地柔软，抗腐蚀性强，不易损坏，加工制作各种制品都较适宜，其质量优于木质案台。

任务五　常用的工具及用具

用于面点加工的器具种类很多，器具一般体积小、重量轻、结构简单、使用方便，常用的器具有成型工具、称量工具、成熟工具等。

 一、成型工具

成型工具的种类见表2-5。

表2-5　成型工具

名称	特点	应用	图示
擀面杖	擀面杖又称单手杖，擀面工具，由细质木料制成，圆柱形木棍。有大、中、小之分，大的长约1.5米、粗5厘米，中的长约60厘米、粗3.5厘米，小的长约25厘米	用于擀面条、面皮、饼等	
擀面钎	擀面钎又称双手杖，擀面工具，中间粗，两头细，分单擀钎和双擀钎。单擀钎长约30厘米，双擀钎比单擀钎小，形状相同，长约20厘米。一般均采用细质木料制成	单擀钎用于擀制包子皮；用双擀钎擀皮时双手使用两根擀钎，用于擀制水饺皮、锅贴皮	

续表

名称	特点	应用	图示
滚筒	滚筒又称走锤、通心槌，由细质木料制成，也有不锈钢质地的，成圆柱形。长约26厘米、粗约8厘米，侧面中心有道孔，孔中有一根轴	用于擀制花卷、大包酥等量大、形大的面皮	
粉帚	粉帚即面案上的笤帚。前端秫头蓬松，有把。有用秫头制成的，也有用棕苗制成的。大小按实际需要而定	用于清扫面案上的面粉	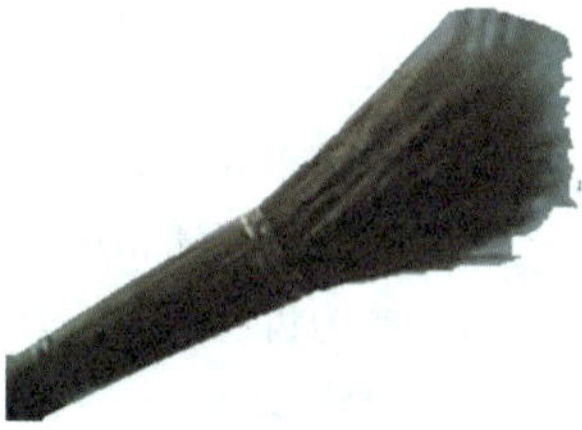
面筛	面筛又称粉筛，是筛滤面粉的工具，一般用马尾、尼龙、铜丝、钢丝网底制成，有粗细之分	用于筛粉、筛料、擦制泥蓉	
印模	面食制品专用工具，有方、扁、圆、长等形状，正面凹刻有花纹图案	用于装饰馒头、鲜饼、糕点的专用工具，一般成套使用	
套模	套模又称卡模、花戟，用金属（铜、不锈钢等）制成的平面图案套筒，成型时，用套模将擀制平整的坯料刻成规格一致、形态相同的半成品	主要用于片形坯料的生坯成型	

续表

名称	特点	应用	图示
盒模	盒模又称胎模，是用金属（铁、铜、不锈钢、铝合金等）压制而成的凹形模具，成型时，将坯料放入模具中，熟制后定型而成	主要用于蛋糕类、膨松类、混酥类等制品的成型	
花钳	制作点心的工具又名花夹子，用不锈钢或铜制成，一端为齿纹夹子，另一端为齿纹轮刀	主要用于各种点心造型，如制作花边、花瓣点心时，使用花钳又快又均匀	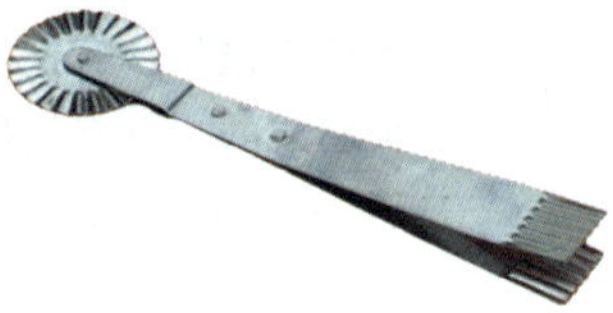
面点梳	用铜、铝、牛角、无毒塑料等制成，形状如同梳头用的梳子	用于在面点上压制花纹、花边	
饺匙子	饺匙子又称扁匙子、馅挑，是用竹片或骨片制成的，呈长扁圆形	主要用于挑拨馅制品	
抹刀	不锈钢制成，无刃长方形	主要用于面点夹馅或表面装饰，抹制膏料、酱料	

续表

名称	特点	应用	图示
齿刀	不锈钢制成，一面带齿的条形刀	主要用于面包、蛋糕等大块面点的切块	
刮板	用塑料或不锈钢制成，为无刃长方形、梯形、半圆形	用于面团调制、分割及台面清理	
裱花袋	用防水、防油布制成的圆锥形袋子，锥顶开口，放置裱花嘴；塑料制一次性裱花袋也有广泛应用	主要用于盛装、挤注糊状原料	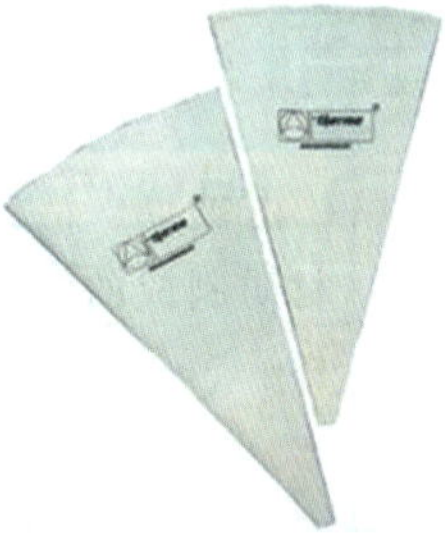
裱花嘴	西式面点挤花装饰工具，由不锈钢或铜制成，嘴的大小、花纹不同	主要用于蛋糕裱花装饰和小型点心的成型	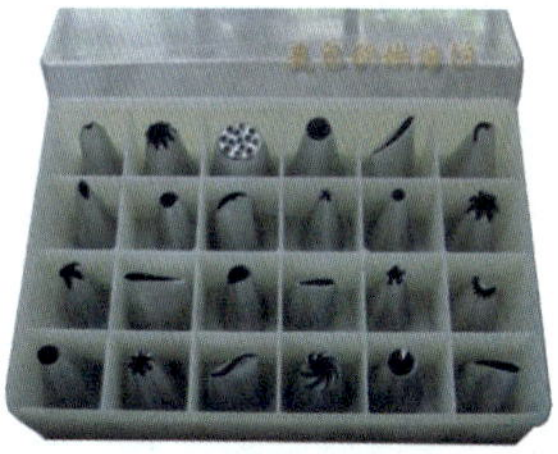
散热网	由不锈钢制成的长方形丝网	用于成熟制品的散热	

二、称量工具

称量工具的种类见表2-6。

表2-6 称量工具

名称	特点	应用	图示
台秤	台秤又称盘秤，根据其最大称量量，有1千克、2千克、4千克、8千克等之分，最小刻度为5克	主要用于面点主辅料的称量	
电子称	小剂量精确称量工具	主要用于面点配料中添加剂的称量，如塔塔粉、小苏打、泡打粉、酵母等	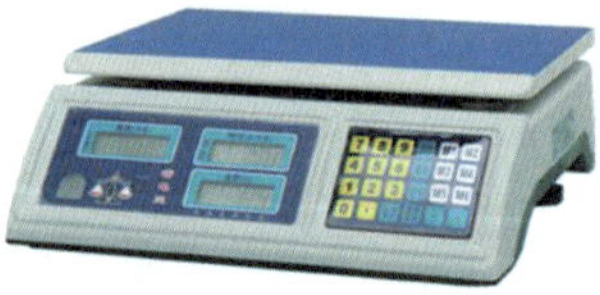
量杯	由玻璃、铝、塑料等材质制成的带有刻度的杯子	主要用于液态原料的称量，如水、油等	

三、成熟工具

成熟工具的种类见表2-7。

表2-7 成熟工具

名称	特点	应用	图示
炸点筛	一般选用铝合金或不锈钢制成，丝网结构，便于沥油	炸制点心的专用工具，如炸凤尾酥、莲花酥、鸳鸯酥等各类点心时，均使用炸点筛，用炸点筛制作点心既便于定型，又能控制油温	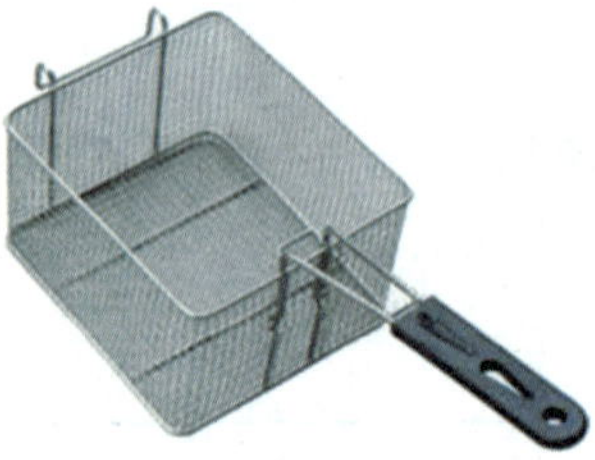

续表

名称	特点	应用	图示
包饺笼	一般用不锈钢或竹木制成，圆形，上有笼盖下有笼座，中间重叠若干屉。笼屉底部有进蒸汽的孔眼，每个屉上都有端手，包饺笼形状不大，口径约25厘米	用于蒸制包子、饺子，形如蒸笼	
蒸笼	一般是竹制或铝合金制，有圆形和矩形两种。圆形蒸笼下面有笼座，上面有笼盖，可重叠若干圆形蒸屉；矩形蒸笼如桌子抽屉，分若干格	用于蒸制各种食品	
蒸点方箱	蒸制点心的工具，有木质和金属两种，大小根据具体的品种而定，高度一般在7厘米左右	主要用于蒸制浆状和糊状的原料	

四、常用器具

常用刀具见表2-8，常用炊具见表2-9。

表2-8　常用刀具

名称	特点	应用	图示
法式分刀（french knife）	刀刃锋利呈弧形，背厚、颈尖、型号多样，20~30厘米不等	用途广泛，切剁皆可	

续表

名称	特点	应用	图示
厨刀 （chef's knife）	刀锋锐利平直，刀头呈尖形或圆形	主要用于切割各种肉类	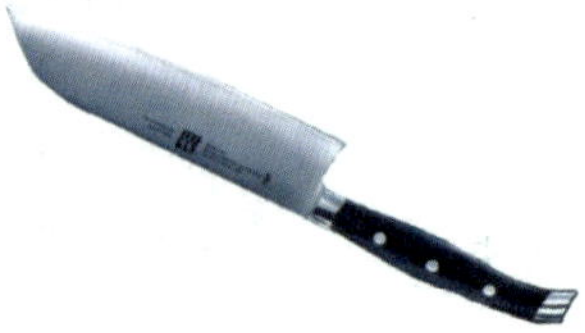
剔骨刀 （boning knife）	刀身又薄又尖，较短	用于肉类原料的出骨	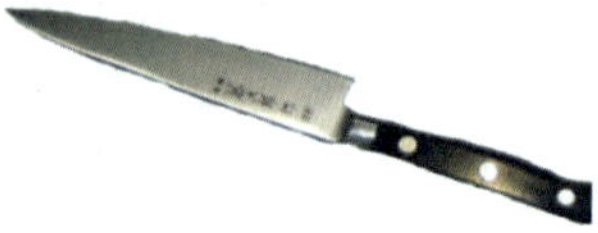
烤肉刀 （barbecue knife）	刀身较长，刀尖呈圆弧状	用于切割大块烤牛肉	
剁肉刀 （chopping knife）	长方形，形似中餐刀，刀身宽，背厚	用于带骨肉类原料的分割	
牡蛎刀 （oyster knife）	刀身短而厚，刀头尖而薄	用于挑开牡蛎壳	
蛤蜊刀 （clam knife）	刀身扁平、尖细，刀口锋利	用于剖开蛤蜊外壳	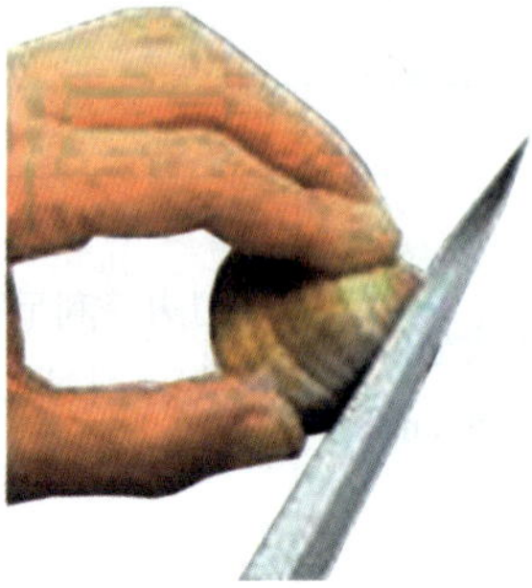

名称	特点	应用	图示
肉叉 （meat fork）	形式多样	用于切片、翻动原料等	
蛋糕刀 （cake knife）	蛋糕刀又称蛋糕铲，刀面较阔	用于铲起蛋糕或排类，以防破裂	
肉锤 （meat pounder）	肉锤又称拍铁，带柄、无刃，一面凸起，另一面平滑	主要用于拍砸各种肉类	
切蛋器 （egg cutter）	由基座、分割线两部分组成	主要用于制作沙拉过程中加工不同形状的熟鸡蛋	
开罐器 （can opener）	不锈钢材质，有防滑柄	主要用于开启灌装原料	

表2-9　常用炊具

名称	特点	应用	图示
煎盘 （frying pan）	圆形或方形，平底，直径有20厘米、30厘米、40厘米等规格	煎制各种油炸食品	

续表

名称	特点	应用	图示
炒盘 （saute pan）	圆形，平底，形较小、较浅，锅底中央略隆起	一般用于少量油脂快炒	
煎蛋盘 （omelet pan）	圆形，平底，形较小、较浅，四周立边呈弧形	用于煎蛋	
少司锅 （sauce pot）	圆形，平底，有长柄和盖，深度一般在7~15厘米，口直径有6厘米、8厘米、10厘米、12厘米，容量不等，锅底较厚	一般用于少司的制作	
蛋糕转盘 （cake turntable）	由两部分构成，底座起支撑和固定作用，上部是转盘，直径23厘米	用于蛋糕裱花	
蒸锅 （steamer）	双层或多层，底层盛水，上层放食品，容积不等，有盖	一般用于蒸制食品	
笊篱 （strainer）	用铁丝或竹编制成的网筛	用于捞取焯、炸制品，沥干面条等	

续表

名称	特点	应用	图示
帽形滤器（cap strainer）	有一长柄，圆形，形似帽子，用较细的铁纱网制成	一般用于过滤少司	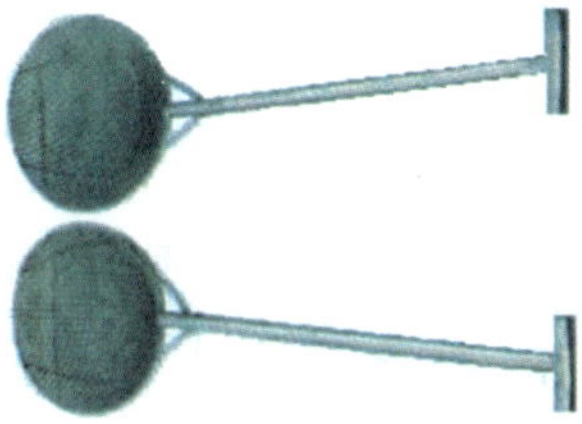
锥形滤器（cone strainer）	由不锈钢制成，锥形，有长柄，锥形体上有许多细小孔眼	一般用于过滤汤汁	
烤盘（roast pan）	长方形，立边较高，由薄钢制成	主要用于烧烤原料	
烘盘（bake pan）	长方形，较浅，由薄钢制成	主要用于烘烤面点食品	
研磨器（grater）	梯形，四周铁片上有不同孔径的密集小孔	主要用于奶酪、水果、蔬菜的研磨擦碎	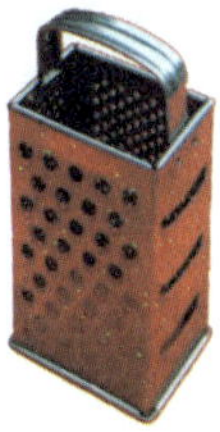
蛋抽（whisk）	由钢丝捆扎而成，头部由多根钢丝交织编在一起，呈半圆形，后部用钢丝捆扎成柄	主要用于搅打蛋液等	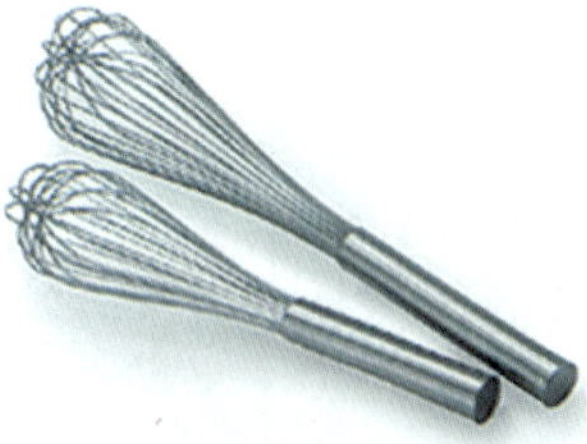

续表

名称	特点	应用	图示
蛋铲 （egg shovel）	由不锈钢制成，长方形，铲面上有孔，以沥掉油或水	主要用于煎蛋等	
汤勺 （ladle）	一般用不锈钢制成，有长柄	用于舀汤汁、少司等	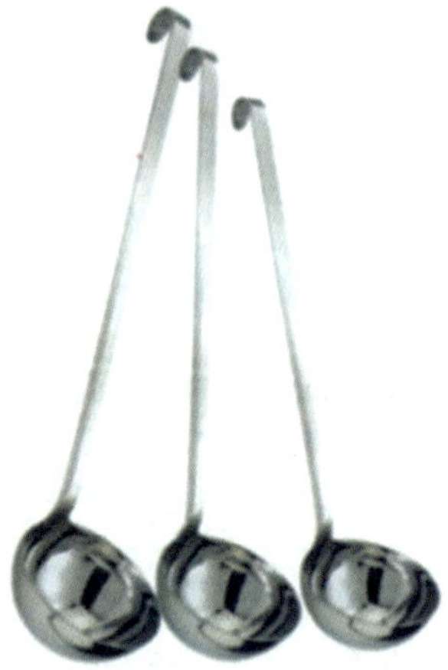

项目二 安全生产知识

安全是保证厨房生产正常进行的前提,安全管理不仅是饭店正常经营的必要保证,也是维持厨房正常秩序和节省额外费用的重要措施。因此,厨房管理人员和操作人员都必须意识到安全的重要性,并在工作中时刻注意防范安全风险。

一、安全生产的基本要求

(一)安全生产的意义

为保护从业人员在生产过程中的安全与健康,预防伤亡事故和职业病的发生,保证设备和工具的完好,确保生产的正常进行,保证产品质量,提高劳动生产率,获得最佳的社会效益、经济效益和环境效益,必须普及安全生产知识。

(二)安全生产的基本内容

西式面点食品制作行业安全生产必须着重考虑安全技术和卫生技术两个方面的要求。

1.安全技术的基本内容

安全技术的基本内容主要有直接安全技术、间接安全技术和指示性安全技术三类。安全技术是为了预防伤亡事故的发生而采取的控制或消除危险的技术措施。

(1)直接安全技术,是指从生产加工设备的设计制造、加工工艺和操作方法等方面采取的安全技术措施。

(2)间接安全技术,是指安全技术不能完全实现本质安全时所采取的安全措施。

(3)指示性安全技术,是指在有危险设备的现场提醒操作人员注意安全。

2.卫生技术的基本内容

卫生技术的基本内容主要有厨房烟雾防治技术、防暑降温技术和照明技术等。卫生技术是为了预防职业病而采取的控制或消除职业危害的技术措施。

(三)安全生产的一般要求

1.制定安全生产规章制度

制定安全生产各项管理制度及规章、消防安全制度、操作规程等,主要有安全生产责任制度、安全生产工作例会制度、安全生产检查制度、隐患整改制度、安全生产宣传教育培训制度、劳动防护用品管理制度、事故管理制度、岗位操作规程、企业消防安全制度等。

2.提高操作者的综合素质

努力学习劳动安全知识,不断提高技术业务水平,自觉遵守各项劳动纪律和管理制度;

遵守各工种的劳动技术操作规程，不违章作业，不冒险蛮干；爱护并正确使用生产设备、防护设施和防护用品。

3.坚持安全监督与检查

严格执行《安全生产隐患整改监察意见书》和有关部门的《整改指令书》，限期整改，避免造成伤亡事故。

4.提高安全防护水平

按国家有关规定配制安全设施和消防器材，设置安全、防火等标志，并定期组织检查、维修。

5.提高对职业病的预测与预防能力

安排企业员工进行定期体检，做到职业病早发现、早治疗。

二、设备的合理布局

西式面点的制作，需要有与产品制作过程相适宜的场地和设备。在进行设备的布局时，应尽可能做到以下几点。

（一）设备的配套性

主要设备及辅助设备之间应相互配套，满足工艺要求，保证产量和质量，并与建设规模、产品方案相适应。

（二）设备的通用性

设备的选用应满足现有技术条件下的使用要求和维护要求，与安全环保相适应，确保安全生产，尽量减少"三废"排放。

（三）设备的先进性

装备水平先进、结构合理、制造精良，连续化、机械化和自动化程度较高的机械设备，具有较高的安全性和卫生要求。

（四）布局的合理性

烤箱等大型设备应装在通风、干燥、防火和便于操作的地方，在厨房内应尽量靠墙放置，设备与设备之间，设备与墙体之间应保持一定的间距，便于设备保养和维修。

燃气灶等用气设备不能安装在封闭房间内，应保持空气流通。

电冰箱等恒温设备应避光放置，放置在阳光直射的地方会影响制冷效果。

三、电的安全使用

（一）电气设备的安全保护装置

电气设备失火多是由电气线路和设备的故障及不正确使用而引起的。为了保证电气设备安全，必须做到：

（1）定期检查电气设备的绝缘状况，禁止带故障运行。

（2）防止电气设备超负荷运行，并采取有效的过载保护措施。

（3）设备周围不能放置易燃易爆物品，应保证良好的通风。

（二）电气设备的安全使用

（1）操作人员必须经过安全防火知识培训，会使用消防设施、设备。
（2）操作机械设备人员必须经过培训，掌握安全操作方法，有资质和有能力操作设备。
（3）电气设备使用必须符合安全规定，特别是移动电气设备必须使用相匹配的电源插座。
（4）发现机器设备运转异常必须马上停机，切断电源，查明原因，修复后才能重新启动。

四、燃气的安全使用

气体燃料又称燃气。西式面点成熟工艺中常用的燃气有天然气、人工煤气和液化石油气，这些燃气设备都具有易燃、易爆和燃烧废气中含有一氧化碳等有毒气体的特点。
燃气设备的正确安装及使用对安全生产具有重要意义。

（一）燃气设备的安装

（1）燃气设备必须安装在阻燃物体上，同时便于操作、清洁和维修。
（2）各种燃气设备使用的压力表必须符合要求，做到与使用的压力相匹配。
（3）燃气源与燃气设备之间的距离及连接软管长度必须符合规定。

（二）燃气设备的安全使用

（1）燃气设备必须符合国家的相关规范和标准。
（2）人工点火时，要做到"以火等气"，不能"以气待火"，防止发生泄漏事故。
（3）凡是有明火加热设备的，在使用中必须有人看守。
（4）对燃气、燃油设备要按要求定期保养、检测。
（5）对容易产生油垢或积油的地方，如排油烟管道等，必须经常清洁，避免着火。

五、器具的安全使用

（一）器具的材质要求

1.塑料制品的安全

塑料是一种以高分子聚合物树脂为基本成分，再加入用来改善其性能的添加剂制成的高分子材料。塑料制品在制造过程中添加的稳定剂、增塑剂、着色剂等助剂含量超标时具有一定的毒性。食品包装常用PE（聚乙烯）、PP（聚丙烯）和PET（聚酯）塑料，因为加工过程中助剂使用较少，树脂本身比较稳定，它们的安全性是很高的。

塑料容器是西式面点制作中常用的容器，在使用时要注意可盛放食品的塑料容器与不可盛放食品的塑料容器的区别，可微波加热容器与不可微波加热容器的区别。正确区分塑料容器是保证食品安全的重要方面之一。

2.金属容器的安全

金属容器是指用金属薄板制造的薄壁包装容器。镀锡薄板（俗称马口铁）用于密封保藏食品，是食品行业最主要的金属容器，但在酸、碱、盐及潮湿空气的作用下易于锈蚀。如蜂蜜是酸性食品，就不宜用金属容器保藏。因为酸性食品会与金属发生反应，使金属元素溶解于食品中，储存时间越长，金属溶出越多，食用的危害越大，达到一定量可引起中毒。

（二）器具的使用要求

1.刀具的安全使用

各种刀具是最常用的手动工具，也是最容易发生事故的工具，使用刀具时要注意安全。

（1）严禁在工作中使用刀具时开玩笑或做不妥当的动作，防止事故发生。

（2）刀具应放在明显的地方，不要放在水中或案板下，以防发生割伤事故。

（3）根据加工对象选择合适的刀具，以减少劳动损伤。

2.锅具的安全使用

锅具是进行加热的主要器具，应根据不同的制品选择不同的锅具，在使用时要注意安全。

（1）使用前应认真检查锅柄是否牢固，避免发生意外。

（2）易生锈的锅具，应认真清洗，防止锈蚀物融入食物。

（3）加热过程中，操作人员不能离开，防止食物溢出熄灭燃气灶而造成事故。

3.其他用具的安全使用

食品的用具、容器的安全使用，是保证食品安全的重要环节。西式面点制作的工具、用具应做到"一洗、二冲、三消毒"。抹布应勤洗、勤换，不能一块抹布多种用途。

温馨提示

中山大学公共卫生学院营养学系主任蒋卓勤教授指出，塑料瓶在制作过程中添加有增塑剂，而该化学成分对人体有毒害作用，若长期用塑料瓶装饮用水、油、酒等物质，容易把内部的有害物质溶出，随着食物或者饮品带进人体内。因此，在日常生活中使用玻璃、不锈钢等材质的瓶子装食品，相对较安全。

专家提醒："如果长期使用塑料瓶，感觉喝到的水有异味，那就是塑料制品含有的有害物质被释放出来所致，喝水最好使用瓷杯。"

◎知识链接

国标参照ISO 11469—2000《塑料制品的标识和标志》的国际标准，对塑料制品所采用的包括通用塑料、工程塑料、功能性塑料、降解塑料、抗菌塑料、回收塑料等塑料原料都要进行标识，并加以标志。新国标还新增了200多种塑料原料的标识和标志，增加了对食品包装用塑料、医用塑料的标识和标志要求，并特别对标志增加了功能性、补充性说明，并要求必须标出原料中回料的比例。

模块小结

俗话说：工欲善其事，必先利其器。西式面点制作中的设备、工具和用具是西式面点加工的基本条件，可以保证工作的正常进行。学生应掌握设备、用具和工具的使用及保养方法。

思考与练习

一、选择题

1. 走锤在面点上主要用于（　　）。
   A. 擀面条　　　　B. 敲东西　　　　C. 擀制大包酥　　　　D. 和面
2. 蒸点方箱主要用来（　　）。
   A. 蒸浆状或糊状的原料　　　　B. 蒸包子、馒头
   C. 蒸菜肴　　　　D. 盛东西
3. 压面机可以用来（　　）。
   A. 压面皮　　　　B. 压面条　　　　C. 和面　　　　D. 压匀面团
4. 醒发箱可以用来（　　）。
   A. 醒发面包　　　　B. 醒发馒头　　　　C. 发酵酒类　　　　D. 保存物品
5. 牡蛎刀是用来（　　）的。
   A. 挑开牡蛎壳　　　　B. 切牡蛎肉　　　　C. 切菜　　　　D. 切肉
6. 煎蛋盘主要用来（　　）。
   A. 煎肉类　　　　B. 煎蛋　　　　C. 炒菜肴　　　　D. 烧汤
7. 肉锤主要用来（　　）。
   A. 拍砸各种肉类　　　　B. 敲击坚硬物体　　　　C. 拍面片　　　　D. 做打孔器
8. 油炸炉上面刻有"MIN""MAX"线，其作用是表示（　　）。
   A. 油位的范围　　　　B. 被炸物品的放置范围
   C. 放水的范围　　　　D. 无任何作用

二、填空题

1. 和面机主要由电动机、减速器、_____、_____、_____、_____、控制系统及机架构成。
2. 醒发箱在使用时要确认水槽是否有水，贮水高度必须超过_____。
3. 面包切片机主要用来切_____和大面包。

三、判断题

1. 和面机分立式和卧式两种。（　　）
2. 根据不同产品的工艺要求可选用不同搅拌桨的和面机。（　　）
3. 压面机的双辊是该机的主要工作部件。（　　）

4. 分割滚圆机可压平面团然后再分割。（　）
5. 披萨烤炉主要用来烤披萨。（　）
6. 燃气连焗炉点火前，应先检查有无漏气现象。（　）
7. 关闭燃气阀门顺序不能颠倒，是为了防止负压回火。（　）
8. 扒炉有平扒和坑扒两种。（　）
9. 面火焗炉又称面火炉，是一种立式的扒炉。（　）

四、简答题

1. 面案在西式面点制作中有什么作用？
2. 简述烤箱在面点制作中的作用。
3. 西式面点房应配备哪些主要设备？
4. 简述和面机的使用与维护。
5. 简述压面机的使用与维护。
6. 醒发箱在面点制作工艺中有什么作用？
7. 分割滚圆机主要用来做什么？
8. 试述平头连焗炉的构造特点及使用方法。
9. 试述扒炉的结构特点。

模块三　西式面点原料知识

学习目标

知识目标

- 掌握西式面点制作常用原料的特点与用途
- 掌握西式面点制作常用原料的品质鉴定与保管方法

能力目标

- 能够正确使用西式面点常用原料
- 培养学生良好的职业素养

模块导入

小麦

小麦如图3-1所示，属于禾本科的小麦属，它是世界上最早栽培的农作物之一。经过长期的发展，已经成为世界上分布最广、面积最大、总产量第二、贸易额最多、营养价值最高的粮食作物之一。

全世界大约有43个国家种小麦，有35%~40%的人口以小麦为主要粮食。小麦子粒含有丰富的淀粉、较多的蛋白质、少量的脂肪，还有多种矿物质元素和维生素B，是一种营养丰富、经济价值较高的商品粮。单产较高的国家主要集中在西欧。

新麦性热，陈麦性平。它可以除热，止烦渴，缓解咽喉干燥，利小便，补养肝气，止漏血唾血。它还可以补养心气，有心脏病的人适宜食用。将它煎熬成汤食用，可治淋病；磨成末服用，能杀蛔虫；将陈麦煎成汤饮用，还可以止虚汗；将它烧成灰，用油调和，可涂治各种疮及汤火灼伤。

图3-1 小麦

| 项目一　面粉及其他粉类原料 |

 面粉及其他粉类原料

西式面点品种繁多，各个国家和地区都有自己的物产和特产，掌握西式面点原料的特点和性质，对加工西式面点有重要的指导和帮助作用。

任务一　面粉的来源

面粉（flour）即小麦粉，如图3-2所示，由小麦磨制而成，是制作西式面点的基本原料。比如我们做的面包、蛋糕、曲奇等，都是以面粉为主要原料。面粉的性能对西式面点的制作加工和品质有着很大的影响，而面粉的工艺性质往往是由小麦的性质、种类和制粉工艺决定的。

图3-2　小麦粉

任务二　面粉的种类

按面粉中含蛋白质的高低及用途主要分为低筋面粉（low protein flour）、中筋面粉（all-purpose flour）和高筋面粉（high protein flour）。

 **一、低筋面粉**

低筋面粉又叫薄力粉（weak flour）、蛋糕粉（cake flour），由软质小麦磨制而成，蛋白

质含量低，大约为8%，湿面筋含量在25%以下。由于蛋白质含量低，筋度小，制成时不会起团、不能起筋，因此低筋面粉最适合做蛋糕类、油酥类的西式面点。

二、中筋面粉

中筋面粉又叫精制粉、富强粉，是介于高筋面粉与低筋面粉之间的一种具有韧性的面粉，湿面筋含量为25%~35%。市场上一般卖的都是这种面粉。油脂蛋糕本身结构比海绵蛋糕松散，选用中筋面粉可以使蛋糕的结构进一步加强，从而变得更加膨松。这种面粉多用于制作中式面点的馒头、包子、水饺，以及部分西饼，如蛋挞皮和派皮。

三、高筋面粉

高筋面粉又叫强力粉（strong flour）、面包粉（bread flour），常用硬质小麦磨制而成，蛋白质含量高，湿面筋含量在41%以上，因此筋性强，有较强的弹性和延展性，用来包囊气泡、油层，以便形成疏松的结构。这种面粉适合制作面包、披萨、泡芙、松饼、丹麦酥类西式面点。

任务三　面粉的主要成分

面粉的化学成分为蛋白质、脂肪、糖类、维生素、矿物质、水分和酶类等。

一、蛋白质

蛋白质是面粉的主要成分，蛋白质的含量为7.2%~12.2%。面粉的蛋白质种类多，其中麦胶蛋白、麦麸蛋白的含量占面粉蛋白质的80%以上，是构成面筋质的主要成分。

二、脂肪

面粉的脂肪含量为1.3%~1.8%，在胚芽和糊粉层中，由不饱和脂肪酸组成，易氧化酸败使面粉或制品变味，通常在制粉过程中除去。

三、糖类

面粉中糖类的含量最多，为70%~80%，包括淀粉、纤维素、半纤维素和低分子糖分。其中淀粉约占糖类总量的99%。淀粉不溶于冷水，和水能形成悬浊液，遇热膨胀，产生凝胶作用，形成糊状胶原体，这就是淀粉的糊化作用。

四、维生素

小麦中维生素 B_1、B_2、B_5 较多，同时含有维生素 E、维生素 A，微量的维生素 C，但不含维生素 D。所以在制作西式面点时为了弥补面粉中维生素含量的不足，可以添加人工合成维生素强化点心的营养成分。

 ## 五、矿物质

小麦或是面粉完全燃烧后的残留物绝大部分为矿物质盐类（称"灰分"）。麦粒中的灰分含量为 1.5%~2.2%。面粉中的灰分很少，灰分大部分在麸皮中，小麦粉以灰分来分级，表示麸皮的除去程度，矿物质如钙、钠、磷、铁，以盐类存在。

 ## 六、水分

面粉中的水分含量为 12.5%~14.5%，在调制面团时，加水量的多少应根据面粉中的含水量及面筋含量情况而定。面粉的含水量直接影响面粉的吸水量，也影响面包的质量。

 ## 七、酶类

面粉中一般含有脂肪酶、蛋白酶、淀粉酶三种。

（1）脂肪酶对制作面包、饼干的影响不大，但对蛋糕粉有影响，它可分解面粉里的脂肪使之成为脂肪酸，易引起酸败，缩短储藏时间。

（2）面粉中蛋白酶可以分为两种：一种是能直接作用于天然蛋白质的蛋白酶；另一种是能将蛋白质分解产生的生成物多肽类再分解为多太酶。

（3）α-淀粉酶和β-淀粉酶是烘焙食品中的酶。β-淀粉酶含量高，而α-淀粉酶不足，作为酵母发酵的主要能量来源。β-淀粉酶对热的反应不稳定，糖化水解作用在酵母发酵阶段。α-淀粉酶将可溶性淀粉转化为糊精，改变淀粉的流变性。它对热较稳定，在70℃左右仍能进行水解作用，温度越高作用越快。α-淀粉酶改变面团的流变性，所以在烤制的过程中可以改善面包的品质。

任务四　面粉的品质鉴定

 ## 一、面粉干湿程度的鉴别

面粉中的水分含量规定为 12.5%~14.5%，可以通过化验进行鉴定。也可以用手抓一把

面粉用劲捏,松开手后,面粉随之散开并有滑爽感觉的是水分含量正常的面粉,反之则是水分含量大的面粉。面粉中的水分超标容易结块、发霉、不宜保存。发霉面粉如图3-3所示。

图3-3　发霉面粉

二、从颜色上鉴别面粉质量的优劣

进行面粉色泽的感官鉴别时,应将样品在黑纸上撒薄薄的一层,然后与适当的标准样品做比较,仔细观察其色泽异同。

优质面粉呈白色或微黄色,不发暗。

次质面粉色泽暗淡。

劣质面粉呈灰白或深黄色,发暗,色泽不均。

三、从气味和滋味上鉴别面粉质量的好坏

(一)通过气味鉴定面粉质量

进行面粉气味的感官鉴别时,取少量样品置于手掌中,用嘴哈气使之稍热。为了增强气味,也可将样品置于有塞的瓶中,加入60℃热水,塞紧瓶盖稍等片刻,然后将水倒出嗅其气味。

优质面粉具有面粉的正常气味,无其他异味。

次质面粉微有异味。

劣质面粉有霉臭味、酸味、煤油味以及其他异味。

(二)通过滋味鉴定面粉质量

进行面粉滋味的感官鉴别时,可取少量样品细嚼,遇有可疑情况,应将样品加水煮沸后尝试。

优质面粉味道可口,淡而微甜,没有发酸、刺喉、发苦的滋味,咀嚼时没有沙声。

次质面粉淡而乏味,微有异味,咀嚼时有沙声。

劣质面粉有苦味、酸味、发甜或其他异味,有刺喉感。

任务五　面粉的用途

面粉在西式面点中使用广泛，面包制作、蛋糕制作都离不开面粉。做面包选用高筋面粉，做各种蛋糕、酥性饼干选用低筋面粉，做各种蛋挞选用中筋面粉。西式面点品种不同所用的面粉也不同，可根据品种的要求，正确地使用面粉，这样便于制作出更好的西式面点。

> ◎知识链接
>
> **面粉的保管**
>
> 1. 控制水分
>
> 面粉不得放在潮湿处，密封好并且隔绝空气。
>
> 2. 合理堆放
>
> 面粉堆放要合理，选择防湿、防热的地方，不要重叠。
>
> 3. 严防虫害
>
> 要做好隔离防虫工作，可进行预防性熏蒸，除去虫卵。

任务六　其他粉类

淀粉按来源及用途的不同可分为生粉、土豆淀粉、玉米淀粉、木薯淀粉、小麦淀粉、西谷椰子淀粉。

一、生粉（starchy flour）

生粉主要用于勾芡、制作西式面点，主要成分是淀粉。生粉是从含淀粉的农作物中提炼而来的，种类多样，如红薯淀粉等。

二、土豆淀粉（potato starch）

土豆淀粉如图3-4所示，又叫马铃薯淀粉，家庭用得最多的是勾芡淀粉。其特点为黏性足、质地细腻，色泽洁白，但是吸水性不好。

图3-4　土豆淀粉

三、玉米淀粉（corn starch）

玉米淀粉是从玉米粒中提炼出的淀粉，是供应量最多的淀粉，但是不如土豆淀粉好。在西式面点房、厨房中玉米淀粉较为常用，做布丁时起凝固作用，也可以在做饼干时使用，改善组织的酥松度。西式面点房也可以在1份玉米淀粉中加入4份中筋面粉混合制成低筋面粉使用。

四、木薯淀粉（tapioca starch）

木薯淀粉又叫菱粉或是泰国生粉。泰国是第三大木薯生产国，仅次于巴西、尼日利亚，在泰国一般用木薯做淀粉。木薯淀粉在加水遇热煮熟后呈透明状，口感略带弹性。木薯淀粉无味道、无余味。因此木薯淀粉适合于需精调味道的产品，如布丁、蛋糕、西式面点馅料。

五、小麦淀粉（wheat starch）

小麦淀粉又叫澄面或是澄粉。澄面是一种无筋的面粉，成分为小麦，可以制作点心、粉果、肠粉等。

六、西谷椰子淀粉（sago palm starch）

西谷椰子淀粉是西谷椰子树茎里的淀粉干燥后加工成大米状的颗粒，是印度尼西亚等地的特产，当地居民称为西谷米，就是我们平时吃的椰汁西米露中的西米。

| 项目二　糖及糖浆 |

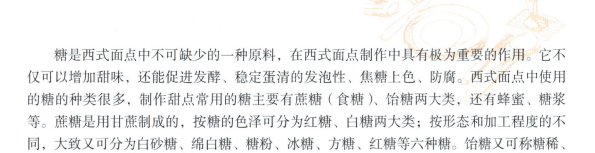

项目二　糖及糖浆

　　糖是西式面点中不可缺少的一种原料，在西式面点制作中具有极为重要的作用。它不仅可以增加甜味，还能促进发酵、稳定蛋清的发泡性、焦糖上色、防腐。西式面点中使用的糖的种类很多，制作甜点常用的糖主要有蔗糖（食糖）、饴糖两大类，还有蜂蜜、糖浆等。蔗糖是用甘蔗制成的，按糖的色泽可分为红糖、白糖两大类；按形态和加工程度的不同，大致又可分为白砂糖、绵白糖、糖粉、冰糖、方糖、红糖等六种糖。饴糖又可称糖稀、米稀，是由粮食类淀粉经过淀粉酶水解制作而成，主要成分是麦芽糖和糊精。

任务一　糖的分类

一、白砂糖（white sugar）

　　白砂糖是我们在日常生活中最常见的糖类。实际上，白砂糖按颗粒的大小，也可分成许多种，如粗砂糖、砂糖、细砂糖、特细砂糖、幼砂糖等。在制作蛋糕或饼干的时候，通常我们都会选用细砂糖，细砂糖更容易融入面团或面糊里。粗砂糖是一种较粗的白砂糖粒，常用来作为面包的装饰，所以又叫作装饰糖粒，粗砂糖一般被用来制作饼干以及糕点的外皮，如砂糖茶点饼干、蝴蝶酥，粗糙的颗粒可以增加糕点的质感。粗砂糖也可转化为糖浆。粗砂糖不适合用来制作曲奇饼、蛋糕、面包等糕点，因为粗砂糖不易溶解，较大的粗砂糖颗粒会残留在制品中。

二、绵白糖（soft sugar）

　　绵白糖如图3-5所示，又叫作贡白糖（frosted sugar），是非常绵软的白糖。它之所以绵软，是因为含有少许的转化糖，水分含量也较砂糖高。绵白糖的纯度不如白砂糖高，口感比白砂糖要甜。绵白糖的晶体比较细小并含有少量的糖蜜成分，可以作为细砂糖用。

图3-5　绵白糖

三、糖粉（icing sugar）

糖粉就是粉末状的白糖，市场上出售的糖粉，为了防止在保存过程中结块，一般会在糖粉内加入约3%的淀粉。糖粉根据颗粒粗细的不同，可分为几个等级。规格为"10X"的糖粉是最细的，一般情况下选用的是"6X"糖粉。

糖粉的用途很多。因为糖粉的颗粒非常细小，容易与面糊融合，对油脂有很好的软化作用，能使组织更细腻，所以我们会用它做曲奇、蛋糕等，同时做糕点的装饰，在糕点表面筛上一层薄薄的糖粉，会使制品变得漂亮很多。糖粉也可以用来做糖霜、乳脂馅料。

四、红糖（brown sugar）

红糖也叫作红砂糖、黄糖、黑糖。红糖是经甘蔗汁浓缩等简单处理而成，是未经提纯的糖，由蔗糖和糖蜜组成，保留了甘蔗汁的成分并且没有经过高浓度的精炼，含有丰富的维生素和多种微量元素，如维生素A、维生素B_1、维生素B_2，以及铁、锌、锰等。

五、饴糖（malt sugar）

饴糖如图3-6所示，又叫麦芽糖、糖稀，是以高粱、米、大麦、粟、玉米等淀粉质的粮食为原料，经发酵糖化制成的食品，近似于蜂蜜。饴糖中含有葡萄糖、麦芽糖、糊精等，在糕点、面点的制作中，可以起到甜爽、黏合、上色、增香等作用。

图3-6　饴糖

六、蜂蜜（honey）

蜂蜜是含有葡萄糖和果糖的一种自然糖浆，通常是透明或是半透明的黏性液体。蜂蜜根据香味和颜色的不同可分为很多种，本身略带花香。同时，蜂蜜也是一种天然的营养剂，含有丰富的维生素B、维生素C和铁、钾、锰、钙等矿物质。它具有杀菌、解毒、润肠的功效，有助于人体内的废物排出，也可和苏打混合用来做发酵剂。

七、葡萄糖浆（glucose syrup）

葡萄糖浆就是我们所称的淀粉糖浆、液体葡萄糖，也可称为化学糖稀，主要成分是葡萄糖。它是在日常生活中常见的白砂糖或绵白糖中加入适量的水、饴糖、蜂蜜等，经过加热熬制成的黏性液体。按熬制的时间程度可分为亮浆、砂浆、沾浆、稀浆四种。

八、枫糖浆（maple syrup）

枫糖浆是加拿大的特产，取自枫树皮，本身有香气且略带甜味，口味浓郁，甜度非常高。最适合做松饼和蛋糕。

九、木糖醇（xylitol）

木糖醇的外表、甜度和蔗糖类似，人体可缓慢吸收和部分利用，其热量低。木糖醇是适合糖尿病患者的营养型食糖替代品，"无糖"西式面点里使用最多的甜味剂就是木糖醇。我们必须注意木糖醇不是糖，不具有糖的普遍特点。因此，用木糖醇代替糖以后，做出的饼干等食品会有所不同。

任务二　糖在西式面点中的作用

糖在西式面点中具有以下作用：
（1）增加制品的甜味，减少蛋的腥味，保证味道。
（2）在烤制中，蛋糕表面会变成褐色并散发出香味，使颜色更美观。
（3）在搅拌过程中，帮助全蛋或蛋白形成浓稠而持久的泡沫，也有助于黄油打成膨松状的组织，使面糊光滑细腻，面团柔软。
（4）保持成品中的水分，延缓老化。

任务三　糖的保管

糖的保管方法如下：
（1）室内的湿度不宜过高，同时温度不宜过低，温度过低糖会因受冻而结块。夏季的温度不宜过高，温度过高糖容易化。
（2）糖周围不能有水分等容易蒸发的食品或恶劣异味的食品。
（3）将糖放入玻璃器皿中，盖严，放在阴凉、通风处，可防止潮湿。切记不宜放在阳光下或靠近热的地方，也要防止老鼠、苍蝇、虫子对糖的危害。

项目三 食用油脂

油脂是西式面点的主要原料之一，对改善制品风味、结构、形态、色泽和提高制品的营养价值有重要作用。如制作面包、蛋糕、饼干、曲奇、派皮类、油炸甜甜圈等食品会使用油脂。油脂在烘焙中起着举足轻重的作用，使产品具有柔软性、酥性以及使体积膨大；主要用于制作奶油蛋糕、水果蛋糕、派皮、小西饼等，使成品具有诱人的色、香、味。

任务一　油脂的分类

一、人造油脂

人造油脂称为植物氧化油脂，如人造黄油、植物黄油、白油、起酥油；同时人造油脂又称麦淇淋和玛琪琳。

二、天然油脂

天然油脂有动物油脂和植物油脂，动物油脂如猪油（大油）、黄油（奶油）和牛羊油等；植物油脂如芝麻油、花生油、豆油、玉米油、葵花油、菜籽油、椰子油、棉籽油等。

任务二　西式面点常用油脂的品种

一、起酥油（shortening）

起酥油是从英文shorten（使变脆的意思）一词转化而来的，意思是用这种油脂加工饼干等食品，可使制品酥脆易碎。起酥油具有可塑性、起酥性、乳化性等加工性能，最初就是指猪油、黄油，是用氢化植物油或其他植物油脂制成的。起酥油外观呈现白色或淡黄色，质地均匀，具有良好的滋味、气味。起酥油的种类很多，分类方法也很多，按原料种类可分为植物型、动物型和动植物混合型起酥油；按制造方式可分为混合型和全氢化型起酥油；按是否添加乳化剂可分为非乳化型和乳化型起酥油；按性状可分为固态、液态和粉末状起酥油等；按用途功能可分为面包用、糕点用、糖霜用和煎炸用起酥油。

二、猪油（lard）

猪油是从猪的脂肪中提炼的动物性油脂，色泽洁白、可塑性强、起酥性好，制出的产品品质细腻、口味肥美。因此，多用于制作中式面点及西式面点中的派、塔等。

三、白油（white oil）

白油也叫作化学猪油、氢化油。白油是油脂经油厂加工脱臭脱色后再给予不同程度的氢化，使之呈固态白色的油脂，多数用于酥饼的制作或代替猪油使用。

四、牛油（beef tallow）

牛油为牛科动物黄牛或水牛的脂肪油，呈白色固体或半固体。优质的牛油凝固后呈淡黄色、黄色，如呈淡绿色则质较次，在常温下呈硬块状态。牛油的熔点高于人的体温，不易被人体消化吸收，不适宜长期食用，在烹调中很少使用。新鲜的牛脂肪油经过精制提炼后可做糕点等食品，可供制作糕品和烹饪时做酥化之用。

任务三　油脂在西式面点中的作用

油脂在西式面点中的作用如下：
（1）增加营养，补充人体热能，增进食品风味。
（2）增强面坯的可塑性，有利于点心的成型。
（3）调节面筋的胀润度，降低面团的筋力和黏性。
（4）保持产品组织的柔软，延缓淀粉老化时间，延长点心的保质期。

任务四　油脂的保管

食用油脂在保管不当的情况下，品质容易发生变化，最为常见的是油脂酸败现象。为防止油脂酸败现象的发生，油脂应放在低温、避光、通风处保管，避免与杂质接触，尽量减少存放时间，确保油脂不变质。
（1）要合理地选择油脂的储存容器。
（2）储油的容器应放在避光、温度低、阴凉、干燥的地方。
（3）要防止高温，且储存的时间不宜太长。

项目四 蛋及蛋品

蛋的营养价值高，用途广泛，是制作西式面点的重要原料，也是人类重要的食品之一，我们常见的蛋有鸡蛋、鸭蛋、鹅蛋、鹌鹑蛋。它们的营养成分和架构大致相同，其中鸡蛋是最普通的，却是人类最好的营养来源之一。因为鸡蛋里含有大量的维生素和矿物质，还有高生物价值的蛋白质。鸡蛋的蛋白质品质最佳，和母乳相当。一个鸡蛋所含的热量，相当于半个苹果和半杯牛奶的热量。

鸡蛋在生产、运送、储存的过程中，如果没有做好卫生消毒工作，可能会被沙门氏菌、肠炎弧菌、金黄色葡萄球菌或其他细菌感染，如果人吃了被感染的鸡蛋，会出现上吐下泻、腹痛、发烧等食物中毒现象。

鸡蛋是西式面点中最常用的原料，尤其是在蛋糕类制品中用量很大，不可或缺。鸡蛋在花式面包、甜面包中也经常使用，可以改善面包的品质。鸡蛋在西式面点中有非常重要的作用，不仅具有较高的营养价值、良好的味道、美观的色泽，而且具有起泡性、乳化性和凝固性。同时，鸡蛋还可以在西式凉菜中制作蛋黄酱（沙拉酱）、冰淇淋。鸡蛋布丁则利用了鸡蛋的热凝固性。

任务一 蛋的种类

西式面点中常用的蛋品有鲜蛋、冰蛋、蛋粉三种，蛋品在西式面点制作中用途极广。

一、鲜蛋（fresh eggs）

鲜蛋主要有鸡蛋、鸭蛋、鹅蛋，其中鸡蛋在西式面点中使用最多。鲜鸭蛋和鹅蛋带有异味，故使用不多。鲜蛋搅拌性能高、起泡性好，所以生产中多以鲜蛋为主。其中鲜鸡蛋所含营养丰富而全面，营养学家称之为"完全蛋白质模式"，被人们誉为"理想的营养库"。鸡蛋由蛋清、蛋黄和蛋壳组成，蛋清中的主要成分为碳水化合物、脂肪、维生素等，蛋清中的蛋白质主要是卵白蛋白、卵球蛋白和卵黏蛋白。蛋黄中的主要成分为脂肪、蛋白质、水分、无机盐、蛋黄素和维生素等，蛋黄中的蛋白质主要是卵黄磷蛋白和卵黄球蛋白。

二、冰蛋（iced eggs）

冰蛋是将蛋去壳，采用速冻制取的全蛋液（全蛋液含水约72%），速冻温度为 −20~−

18 ℃。由于速冻温度低，结块速度快，蛋液的胶体很少受到破坏，能保留其加工性能。使用时应升温解冻，其效果不及鲜蛋，但使用方便。

三、蛋粉（egg powder）

蛋粉主要包括全蛋粉、蛋白粉和蛋黄粉等。由于加工过程中，蛋白质变性，因而不能提高制品的疏松度。在使用前需要加水调匀溶化成蛋液或与面粉一起过筛混匀，再进行制作。因为蛋粉溶解度的原因，虽然营养差别不大，但是发泡性和乳化能力较差，使用时必须注意。

在全蛋粉和蛋白粉、蛋黄粉中，加入一定量的清洁水，可还原成蛋的混合液、蛋白液、蛋黄液，色泽、口味均和鲜蛋一样，既可以供人直接食用，也可用作糕点、冷饮等食品的原料，起调味、发酵等作用。

任务二　蛋在西式面点中的作用

蛋在西式面点中的作用有以下五方面：

（1）蛋的组成部分很复杂，含有丰富的维生素、矿物质以及人体所需的营养物质，所以添加在烘焙制品中可以提高产品的营养价值。

（2）蛋黄中含有卵磷脂成分，添加在焙烤制品中具有良好的乳化作用，可以改善产品组织的风味，使蛋糕、面包更松软可口。

（3）可改善烘焙制品的颜色和香味，使产品呈现自然的金黄色泽，并且经过焙烤后能散发和保持原有的香味，使产品精美可口。

（4）具有良好的起泡性，能够使产品体积增大，特别是制作清蛋糕时，蛋是不可缺少的原料，搅拌蛋清时能够将空气拌入并且很好地包容住，其良好的表面扩张力形成包容空气的固体薄膜，经过高温烘焙热涨而使其体积增大。

（5）良好的热凝固性，蛋清凝固温度大约在62 ℃，蛋黄凝固温度大约在68 ℃，全蛋凝固温度大约在82 ℃。所以在制作布丁类产品时需要利用这一特点。

任务三　鲜蛋的保存

 一、常温储存

鲜蛋在2~5 ℃时保质期为40天，冬季室内常温下保质期为15天，夏季室内常温下保质期为10天，超过保质期其新鲜度和营养成分都会受到影响。

二、冰箱储存

将鲜蛋以尖头部位朝下置于冰箱摆放，可保持蛋的新鲜。这是因为蛋的圆头部位主掌呼吸作用的运行，如果将它朝上摆放，就不会压迫到呼吸部位；同时蛋黄的比重比蛋清小，把蛋横放，蛋黄就会向上浮，时间一长，蛋就变成了黏壳蛋。如果把蛋竖放，将大的一头向上，因为蛋头有一个气室，里面有气体，即使蛋清变稀以后失去了对蛋黄的固定作用，蛋黄向上浮，也不会黏蛋壳，因而不易形成黏壳蛋。

（一）忌与水接触

鲜蛋最忌与水接触，水会破坏蛋壳表面的保护膜，使细菌进入蛋内，从而加速鲜蛋的变质。置于冰箱冷藏之后的鲜蛋也不可再拿出放到常温保存。

（二）忌与生姜洋葱同放

鲜蛋不能与生姜、洋葱同放。因为生姜和洋葱有强烈的气味，易透进蛋壳上的小气孔，使鲜蛋变质。

项目五 乳及乳品

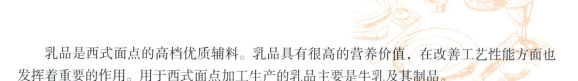

乳品是西式面点的高档优质辅料。乳品具有很高的营养价值,在改善工艺性能方面也发挥着重要的作用。用于西式面点加工生产的乳品主要是牛乳及其制品。

任务一 乳品的种类

在西式面点制作中常用的乳制品有鲜奶油、全脂乳粉、脱脂乳粉、甜炼乳、淡炼乳、稀奶油、干酪。

一、鲜奶油(fresh cream)

鲜奶油是白色像牛奶似的液体,但是乳脂含量高。鲜奶油可以增加西式面点的风味,同时具有发泡的特性,在搅打后体积增大,变成乳白状、细末状的发泡鲜奶油。鲜奶油可以分为动物性鲜奶油和植物性鲜奶油。

(一)动物性鲜奶油

动物性鲜奶油是从牛奶中提炼出来的,含有47%的高脂肪和40%的低脂肪。动物性鲜奶油的保存期限较短,不可以冷冻保存,所以应该尽快使用。奶油在西式面点中多为制作高级蛋糕的主要原料。

(二)植物性鲜奶油

植物性鲜奶油又叫人造鲜奶油。植物性鲜奶油的主要成分是棕榈油、玉米糖浆和其他氧化物。植物性鲜奶油已经加过糖,甜度比动物性鲜奶油高,含水量为15%~20%,含盐量为3%,熔点较高。植物性鲜奶油保存时间长,也可冷冻保存。

二、奶粉(milk powder)

奶粉是以鲜奶为原料,经过巴氏杀菌、真空浓缩、喷雾干燥、脱水处理制成的粉末产品。制品成淡黄色粉末状,加水调匀后与鲜奶(原奶)一样。奶粉水分含量少可以保存较长时间。在西式面点里,奶粉大量用于制作面包、蛋糕、甜点。

三、炼乳(condensed milk)

炼乳可分为甜炼乳(加糖)和淡炼乳(无糖)两种,其中甜炼乳用量较多,在面包、糕点、奶茶中使用较多。其乳脂肪含量不低于0.5%，乳固形物含量不低于24%。甜炼乳又叫凝脂牛奶，牛奶中大部分为水分，再加入蔗糖，糖的含量占6%，呈奶油状浓度。

任务二　乳及乳品在西式面点中的作用

乳及乳品在西式面点中的作用：
（1）提高面团的吸水率。
（2）改善面团的物理性质。
（3）提高面团的发酵耐力。
（4）可以改善制品的组织。
（5）可以延缓制品的老化。
（6）提高制品的营养价值。
（7）乳品是良好的着色剂。
（8）赋予制品浓郁的奶香风味。
（9）提高面团筋力和搅拌能力。

任务三　乳及乳品的保管

乳及乳品的保管方法：
（1）温度、时间、湿度、光线会对乳及乳品造成一定程度的影响，应将其放在干爽、通风、低温、不受阳光照射的地方。
（2）要掌握好储存的温度。
（3）乳及乳品有吸味、变色的特点，不能和有特殊气味的物品存放在一起。

◎知识链接

水的种类

1. 水的种类

水是西式面点中用量较多的一种原料，水的添加量是直接影响产品的成本因素。水也是最好的水溶剂，可以溶解和混合各种原料。水可分为三类：
（1）硬水，含丰富的矿物质，如泉水和井水。
（2）软水，含的矿物质少，如蒸馏水和纯净水。
（3）自来水，目前烘焙制品的常用水，南北水质有一定的差别。

2. 水的酸碱度

按水的酸碱度，水可分为酸性水、碱性水。微酸性的水，有助于酵母更好地发酵。酸性过大会使发酵速度太快，这样面筋就会软化导致气体保留性差，同时会影响成品的品质、大小，会使成品酸性过重，影响其口感。碱性水质起到面团中和酸度的作用。西式面点发酵类制品对水质的要求严，其余制品受水质影响小。

3.水的处理

（1）软水变成硬水的方法。

加入适量的无机矿物质，添加磷酸钙、硫酸钙、钙盐，这样会提高水的硬度，让面筋有一定强度。

（2）硬水变成软水的方法。

①离子交换法；②膜分离法；③石灰法；④加药法。

水在西式面点中的作用

水在西式面点中的作用：

（1）可以调节面团软硬、温度，便于操作。

（2）增强产品的柔韧性，使其口感好。

（3）使各种原材料更好地混合在一起，溶解各种材料。

（4）使面粉里的淀粉吸水糊化，更易被消化。

（5）面粉中的蛋白质吸水成面筋，构成面包的支撑结构。

（6）水的温度可以影响面的发酵，可以帮助酵母更好地繁殖、发酵。

项目六 西式面点中的食品添加剂

食品添加剂是为改善食品色、香、味等品质以及为防腐和加工工艺的需要而加入食品中的化合物质或天然物质。

 ## 一、面团改良剂（dough improvers）

面团改良剂是指能够改善面团加工性能、提高产品质量的一类添加剂的统称，还被称为面粉品质改良剂、面团调节剂、酵母营养剂等。面团改良剂现在多为混合制剂，包括面粉处理剂、乳化剂、酶制剂、食品营养强化剂、水硬度和面团pH值调节剂、缓冲剂、各种氧化剂和还原剂类物质。面团改良剂不仅可以提高面团的筋力，还能使面筋网络结构更具有规律性，纹理清晰，组织均匀，气孔壁薄，透明性好，色泽洁白。

 ## 二、乳化剂（emulsifier）

乳化剂是一种多功能的表面活性物质，可在许多食品中使用。由于它有多种功能，因此也被称为面团改良剂、保鲜剂、抗老化剂、柔软剂、发泡剂等。在食品加工中常使用它来达到乳化、分散、起酥、稳定、发泡或消泡等目的。乳化剂还有改进食品风味，延长保质期的作用。

乳化剂的主要品种有单甘油酯、大豆磷脂、脂肪酸蔗糖酯、丙二醇脂肪酸酯等。

 ## 三、酶制剂（enzyme）

酶制剂是指从生物（包括动物、植物、微生物）中提取的具有生物催化能力酶特性的物质，主要用于加速食品加工过程和提高食品产品质量。焙烤食品中使用的酶制剂主要包括淀粉酶、蛋白酶、脂肪氧合酶和乳糖酶。

 ## 四、抗氧化剂（antioxidants）

抗氧化剂是指能防止食品成分氧化变质，提高食品稳定性和延长储存期的食品添加剂，主要用于防止油脂或油基食品的氧化变质。油脂和含油食品在空气中长期放置容易出现变质，这主要是油脂成分被氧化的缘故。油脂成分的氧化不仅会使食品褪色、变色、维生素成分破坏和产生异臭味，严重时会产生有害物质，引起食物中毒。防止和减缓食品的氧化，添加抗氧化剂是一种简单、经济而又理想的方法。

五、食品强化剂（food fortifier）

食品强化剂是为增加营养成分而加入食品中的天然的或人工合成的属于天然营养素范围的食品添加剂。食品中含有多种营养素，但种类不同，其分类和含量也不相同。此外，在食品的生产、加工和保藏过程中，营养素往往遭受损失。为补充食品中营养素的不足，提高食品的营养价值，适应不同人群的需要，可添加食品营养强化剂。食品营养强化剂兼有简化膳食处理、方便摄取和防病保健等作用。

六、食用香精（food flavor）

食用香精是参照天然食品的香味，采用天然和等同天然香料、合成香料经精心调配而成具有天然风味的各种香型的香精。其包括水果类水质和油质、奶类、家禽类、肉类、蔬菜类、坚果类、蜜饯类、乳化类以及酒类等各种香精，适用于饮料、饼干、糕点、冷冻食品、糖果、调味料、乳制品、罐头、酒等食品。食用香精在西式面点中的作用：掩盖制品中的不良气味，例如蛋腥味、臭粉味等；增加制品的香味。其可分为液体、粉末、浆状等。

七、食用色素（food coloring）

食用色素是色素的一种，即能被人适量食用的可使食物在一定程度上改变原有颜色的食品添加剂，主要分为食用合成色素和食用天然色素。

食用合成色素是为了促进人们的食欲，提高食品的商品价值而使食品着色的一类食品添加剂。它具有色彩鲜艳、性质稳定、着色力强、可任意调色、使用方便、成本低廉等优点，在西式面点中运用较广。但因合成色素本身无营养价值，甚至有一定毒性，对人体健康的影响较大，所以使用时应严格执行国家食品添加剂使用卫生标准。目前国家规定的食用合成色素有苋菜红、胭脂红、柠檬黄、日落黄、靛蓝等，并出台了相关规定，促使食用合成色素生产商更加严格规范化，用量和适用范围受到严格限制。

食用天然色素取自自然界中各种原料固有的天然有色成分，安全性高，对人体健康无害，有的还有一定营养价值。但食用天然色素一般溶解度低，着色不易均匀，稳定性较差。我国允许食用的天然色素有30余种，在西式面点制作中还常取用一些有色鲜菜汁、果汁进行面团的调色、装饰。植物色素大多为花青素类、类胡萝卜素类、黄酮类化合物，是一类生物活性物质，是植物药和保健食品中的功能性有效成分。在保健食品应用中，这一类植物色素可分别发挥增强人体免疫机能、抗氧化、降低血脂等辅助作用；在普通食品中有的可以发挥营养强化的辅助作用及抗氧化作用。

◎ **知识链接**

目前我国允许使用的合成色素有苋菜红、胭脂红、诱惑红、日落黄、柠檬黄、亮蓝和靛蓝等。它们分别用于果味水、果味粉、果子露、配制酒、汽水、红绿丝、罐头，以及糕点表面上彩等。这些合成色素的确把食品表面装扮得格外惹人喜爱，但是，它们禁止用于下列食品：肉类及其加工品（包括内脏加工品）、鱼类及其加工品、水果及其制品（包括果汁、果脯、果酱、果子冻和酿造果酒）、调味品、婴幼儿食品、饼干等。

1. 苋菜红

根据我国《食品添加剂使用卫生标准》（GB 2760—1996）规定：可用于高糖果汁（味）或果汁（味）饮料、碳酸饮料、配制酒、糖果、糕点上彩装、青梅、山楂制品、渍制小菜，最大使用量为每千克0.05克；用于红绿丝、染色樱桃（系装饰用），最大用量为每千克0.10克。

2. 胭脂红

根据我国《食品添加剂使用卫生标准》（GB 2760—1996）规定：可用于高糖果汁（味）或果汁（味）饮料、碳酸饮料、配制酒、糖果、糕点上彩装、青梅、山楂制品、渍制小菜，最大使用量为每千克0.05克；用于红绿丝、染色樱桃（系装饰用），最大用量为每千克0.10克；豆奶饮料、冰淇淋最大用量为每千克0.025克（残留量每千克0.01克）；虾（味）片每千克0.05克，糖果包衣每千克0.10克。

3. 诱惑红

根据我国《食品添加剂使用卫生标准》（GB 2760—1996）规定：可用于糖果包衣，最大使用量为每千克0.085克；用于冰淇淋、炸鸡调料，最大使用量为每千克0.07克。

4. 日落黄

根据我国《食品添加剂使用卫生标准》（GB 2760—1996）规定：可用于高糖果汁（味）或果汁（味）饮料、碳酸饮料、配制酒、糖果、糕点上彩装、西瓜酱罐头、青梅、乳酸菌饮料、植物蛋白饮料、虾（味）片，最大使用量为每千克0.10克；用于糖果包衣、红绿丝最大使用量为每千克0.20克；用于冰淇淋最大使用量为每千克0.09克。

5. 柠檬黄

根据我国《食品添加剂使用卫生标准》（GB 2760—1996）规定：可用于高糖果汁（味）或果汁（味）饮料、碳酸饮料、配制酒、糖果、糕点上彩装、西瓜酱罐头、青梅、虾（味）片、渍制小菜，最大使用量为每千克0.10克；用于糖果包衣、红绿丝最大使用量为每千克0.20克；用于冰淇淋最大使用量为每千克0.02克；用于植物饮料、乳酸菌饮料最大使用量为每千克0.05克。

6. 亮蓝

根据我国《食品添加剂使用卫生标准》（GB 2760—1996）规定：可用于高糖果汁（味）或果汁（味）饮料、碳酸饮料、配制酒、糖果、糕点上彩装、染色樱桃罐头（系装饰用，不宜食用），最大使用量为每千克0.10克；用于青梅、虾（味）片最大使用量为每千克0.025克；用于冰淇淋最大使用量为每千克0.022克；用于红绿丝最大使用量为每千克0.10克。

7. 靛蓝

根据我国《食品添加剂使用卫生标准》（GB 2760—1996）规定：可用于腌制小菜，最大使用量为每千克0.01毫克；用于高糖果汁（味）或果汁（味）饮料、碳酸饮料、配制酒、糖果、糕点上彩装、染色樱桃罐头（系装饰用，不宜食用），最大使用量为每千克0.10克；用于青梅、虾（味）片最大使用量为每千克0.025克；用于红绿丝最大使用量每千克0.20克。

八、增稠剂（thickener）

食品增稠剂通常指能溶解于水中，并在一定条件下充分水化形成黏稠、滑腻溶液的大分子物质，又称食品胶。常用的增稠剂有明胶、酪蛋白酸钠、阿拉伯胶、罗望子多糖胶、田菁胶、琼脂、海藻酸钠（褐藻酸钠、藻胶）、卡拉胶、果胶、黄原胶、β-环状糊精、羧甲基纤维素钠（CMC-Na）、淀粉磷酸酯钠（磷酸淀粉钠）、羧甲基淀粉钠、羟丙基淀粉和藻酸丙二醇酯（PGA）等。它们是在食品工业中有广泛用途的一类重要的食品添加剂，被用于充当胶凝剂，改善食品的物理性质或组织状态，使食品黏滑适口的食品添加剂。增稠剂也可起乳化、稳定作用。

食品增稠剂对保持流态食品、胶冻食品的色、香、味、结构和稳定性起相当重要的作用。

增稠剂在食品中主要是赋予食品所要求的流变特性，改变食品的质构和外观，将液体、浆状食品形成特定形态，并使其稳定、均匀，提高食品质量，以使食品具有黏滑适口的感觉。例如，冰淇淋和冰点心的质量很大程度上取决于冰晶的形成状态，加入增稠剂可以防止结成过大的冰晶，以免感到组织粗糙有渣。

增稠剂具有溶水和稳定的特性，能使食品在冻结过程中生成的冰晶细微化，并包含大量微小气泡，使其结构细腻均匀，口感光滑，外观整洁。当增稠剂用于果酱、颗粒状食品、各种罐头、软饮料及人造奶油时，可使制品具有令人满意的稠度。当有机酸加到牛奶或发酵乳中时，会引起乳蛋白的凝聚与沉淀，这是酸奶饮料中的严重问题，但加入增稠剂后，则能使制品均匀稳定。

增稠剂的凝胶作用，是利用它的胶凝性，当体系中溶有特定分子结构的增稠剂，浓度达到一定值，而体系的组成也达到一定要求时，体系可形成凝胶。凝胶是空间三维的网络结构，这些大分子链之间的互相交联与螯合及增稠剂分子与溶剂分子的强亲和性，都有利于这种空间网络结构的形成。

九、调味剂（flavor agent）

调味剂是指改善食品的感官性质，使食品更加美味可口，并能促进消化液的分泌和增进食欲的食品添加剂。食品中加入一定的调味剂，不仅可以改善食品的感观性，使食品更加可口，而且有些调味剂还具有一定的营养价值。调味剂的种类很多，主要包括咸味剂（主要是食盐）、甜味剂（主要是糖、糖精等）、鲜味剂、酸味剂及辛香剂等。

◎知识链接

1.咸味剂

咸味剂主要是氯化钠（食盐），它对调节体液酸碱平衡，保持细胞和血液间渗透压平衡，刺激唾液分泌，参与胃酸形成，促进消化酶活动均有重要作用。

2.甜味剂

甜味剂是指赋予食品或饮料以甜味的食品添加剂。世界上使用的甜味剂很多，有几种不同的分类方法：按其来源可分为天然甜味剂和人工合成甜味剂；按其营养价值分为营养性甜味剂和非营养性甜味剂；按其化学结构和性质分为糖类和非糖类甜味剂。糖醇类甜味剂多由人工合成，其甜度与蔗糖差不多。因其热值较低，或因其与葡萄糖有不同的代谢过程，尚可有某些特殊的用途。非糖类甜味剂甜度很高，用量少，热值很小，多不参与代谢过程，常称为非营养性或低热值甜味剂，亦称高甜度甜味剂，是甜味剂的重要品种。

3.鲜味剂

鲜味剂主要是指增强食品风味的物质，例如味精（谷氨酸钠），是目前应用最广的鲜味剂。现在市场上出售的味精有两种：一种呈结晶状，含100%谷氨酸钠盐，另一种是粉状的，含80%谷氨酸钠盐。实践证明，如果用谷氨酸钠与5-肌苷酸以5∶1至20∶1比例混合，谷氨酸钠的鲜味可增加6倍。味精有特殊鲜味，但在高温下（超过120 ℃）长时间加热会分解生成有毒的焦谷氨酸钠，所以在烹调中，不宜长时间加热。此外，味精不是营养品，仅作为调味剂，不能当滋补品使用。

4.酸味剂

酸味剂是以赋予食品酸味为主要目的的化学添加剂。酸味给味觉以爽快的刺激，能增进食欲，另外酸还具有一定的防腐作用，又有助于钙、磷等营养的消化吸收。酸味剂主要有柠檬酸、酒石酸、苹果酸、乳酸、醋酸等。

十、其他原料

（一）蛋糕油（cake emulsifier）

蛋糕油又称蛋糕乳化剂或蛋糕起泡剂，在海绵蛋糕的制作中起着重要的作用，是制作各类蛋糕不可缺少的一种添加剂，也广泛用于各种西式酥饼中，能起到各种乳化的作用。

1.蛋糕油的特点和使用方法

在20世纪80年代初，国内制作海绵蛋糕时还未添加蛋糕油，在打发的时间上非常慢，出品率低，成品的组织也粗糙，还会有严重的蛋腥味。后来添加了蛋糕油，制作海绵蛋糕时打发的全过程只需8~10分钟，出品率大大提高了，成本也降低了，且烤出的成品组织均匀细腻，口感松软。蛋糕油的添加量一般是鸡蛋的3%~5%。因为它的添加是紧跟鸡蛋走的，每当蛋糕的配方中鸡蛋增加或减少时，蛋糕油也须按比例加大或减少。蛋糕油一定要在面糊的快速搅拌之前加入，这样才能充分地搅拌溶解，也就能达到最佳的效果。

2.蛋糕油的注意事项

蛋糕油一定要保证在面糊搅拌完成之前能充分溶解，否则会出现沉淀结块；面糊中添加蛋糕油则不能长时间搅拌，因为过度搅拌会使空气拌入太多，反而不能够稳定气泡，导致气泡破裂，最终造成成品体积下陷，组织变成棉花状。

（二）吉士粉（custard powder）

吉士粉是一种香料粉，呈粉末状，浅黄色或浅橙黄色，具有浓郁的奶香味和果香味，是由疏松剂、稳定剂、食用香精、食用色素、奶粉、淀粉和填充剂组合而成的。吉士粉在西餐中主要用于制作糕点和布丁。吉士粉易溶化，适用于软、香、滑的冷热甜点之中（如蛋糕、蛋卷、包馅、面包、蛋挞等糕点中），主要取其特殊的香气和味道，是一种较理想的食品香料粉。

1.吉士粉的种类

常见的吉士粉有奶味吉士粉、普通吉士粉、即溶吉士粉等。其中即溶吉士粉是一种常用香料粉，通常用于面包、西点表面装饰或内部配馅和夹心，可在冷水中直接溶解使用，是一种即用即食型的馅料配料。

传统的吉士粉需要加水后加热到淀粉的糊化温度（60~70 ℃），然后冷却方可使用，过程较烦琐。

2.吉士粉的功效

（1）增香：能使制品产生浓郁的奶香味和果香味；

（2）增色：在糊浆中加入吉士粉能产生鲜黄色；

（3）增松脆并能使制品定型：在膨松类的糊浆中加入吉士粉，经炸制后制品松脆而不软瘪，形态美观；

（4）强黏滑性：在一些菜肴勾芡时加入吉士粉，能产生黏滑性，具有良好的勾芡效果且芡汁透明度好。

（三）酵母（yeast）

酵母分为鲜酵母、活性干酵母和速效干酵母三种，是一种可食用的、营养丰富的单细胞微生物，营养学上把它叫作"取之不尽的营养源"。除了蛋白质、碳水化合物、脂类以外，酵母还富含多种维生素、矿物质和酶类。有实验证明，每1千克干酵母所含的蛋白质，相当于5千克大米、2千克大豆或2.5千克猪肉的蛋白质含量。因此，馒头、面包中所含的营养成分比大饼、面条要高出3~4倍，蛋白质增加近2倍。

1.酵母的分类

鲜酵母（fresh yeast）又称压榨酵母，采用酿酒酵母生产的含水70%~73%的块状产品，呈淡黄色，具有紧密的结构且易粉碎，有很强的发面能力。

活性干酵母（active dry yeast）是采用酿酒酵母生产的含水8%左右、颗粒状、具有发面能力的干酵母产品。采用具有耐干燥能力、发酵力稳定的酵母经培养得到鲜酵母，再经挤压成型和干燥而制成，其发酵效果与压榨酵母相近。产品用真空或填充惰性气体的铝箔袋或金属罐包装，保质期为半年到1年。与压榨酵母相比，它具有保藏期长、不需低温保藏、运输和使用方便等优点。

速效干酵母（instant dried yeast）是一种新型的具有快速高效发酵力的细小颗粒状（直径小于1毫米）产品，水分含量为4%~6%。它是在活性干酵母的基础上，采用遗传工程技术获得高度耐干旱的酿酒酵母菌株，经特殊的营养配比和严格的增殖培养条件以及采用流化床干燥设备干燥而得。此种酵母发酵力强，使用时不需先水化而直接与面粉混合加水制成面团发酵，在短时间内发酵完毕即可烘烤成食品。

2.酵母在西式面点中的作用

（1）保护肝脏。

酵母中有一种很强的抗氧化物，可以保护肝脏，有一定的解毒作用。酵母里的硒、铬等矿物质能抗衰老、抗肿瘤、预防动脉硬化，并提高人体的免疫力。发酵后，面粉里一种影响钙、镁、铁等元素吸收的植酸可被分解，从而提高人体对这些营养物质的吸收和利用。

（2）使制品疏松。

酵母在面团发酵中产生大量的二氧化碳，并由于面筋网络组织的形成，而被留在网状组织内，使烘烤食品组织疏松多孔，体积增大。

酵母还有增加面筋扩展的作用，使发酵时所产生的二氧化碳能保留在面团内，提高面团的持气能力。

（3）改善风味。

面团在发酵过程中，经历了一系列复杂的生物化学反应，产生了面包制品特有的发酵香味。同时，形成了面包制品所特有的芳香、浓郁、诱人食欲的烘烤香味。

（四）塔塔粉（tartar powder）

塔塔粉是一种酸性的白色粉末，属于食品添加剂。蛋糕房在制作蛋糕时使用塔塔粉主要是帮助蛋清打发以及中和蛋清的碱性，因为蛋清的碱性很强。而且蛋储存得越久，蛋清的碱性就越强，而用大量蛋清制作的食物都有碱味且色带黄，加了塔塔粉不但可中和碱味，颜色也会较雪白。

1.塔塔粉的功能

（1）中和蛋清的碱性；

（2）帮助蛋清起发，使泡沫稳定、持久；

（3）增加制品的韧性，使制品更为柔软。

2.塔塔粉的使用方法

制作过程中它的添加量是全蛋的0.6%~1.5%，与蛋清部分和砂糖一起拌匀加入。

模块小结

本课内容介绍了西式面点制作中常用的原料，学生要掌握各种原料的性质、特点和作用，为合理使用原料打下基础。

思考与练习

一、填空题

1. 按面粉中含蛋白质的高低及用途主要分为_____、_____、_____。
2. 面粉的化学成分为_____、_____、_____、维生素、矿物质、_____和_____等。
3. 面粉中一般含有_____、_____、_____三种。
4. 淀粉按来源及用途的不同可分为_____、_____、_____、木薯淀粉、小麦淀粉、西谷椰子淀粉。
5. 西式面点中使用的糖的种类很多，制作甜点常用的糖类主要有_____、_____两大类，还有蜂蜜、糖浆等。
6. 西式面点中常用的乳制品有_____、_____、_____、甜炼乳、淡炼乳、稀奶油、干酪。
7. 酵母分为_____、_____和_____三种，是一种可食用的、营养丰富的单细胞微生物，营养学上把它叫作"取之不尽的营养源"。

二、简答题

1. 西式面点中常用的原料有哪些？
2. 面粉的种类有哪些？
3. 怎样鉴定面粉的质量？
4. 糖在西式面点中的作用是什么？
5. 油脂的种类有哪些？
6. 乳制品在西式面点制作中的作用是什么？
7. 酵母有哪些种类？
8. 使用蛋糕油的注意事项有哪些？
9. 塔塔粉的功能是什么？

模块四 西式面点制作基础

学习目标

知识目标

- 掌握西式面点制作的基本技术
- 掌握面团调制技术
- 掌握面团膨松技术
- 掌握面点成型技术
- 掌握面点熟制技术
- 掌握面点装饰技术

能力目标

- 能够正确运用各种操作手法
- 能够正确调制面团
- 能够正确使用成型技术
- 能够正确使用熟制技术
- 能够正确使用装饰技术
- 培养学生良好的职业素养

模块导入

热狗的由来

1904年，巴伐利亚的移民福克温格在美国圣路易市初次出售一种德国法兰克福式熏肉香肠。他当时资金短缺，无法用银餐具将香肠盛在盘中奉客，他的顾客也不能用手抓着热香肠吃。福克温格就考虑给他的顾客配一副手套，免得吃的时候烫手。但是不仅吃完香肠后戴了手套走的人太多，而且洗手套的费用也很大，他就想出一个把长形小面包切开，把香肠夹在中间吃的办法。后来，有一位漫画家画了一幅画，画上面把一根香肠画成狗的形状夹在一个小面包当中，从此以后，这种夹香肠的面包就被称为"热狗"了。图4-1所示为热狗面包。

图4-1　热狗面包

项目一 西式面点基本操作手法

西式面点制作的基本手法是西式面点成型的基本动作,它不仅能使成品拥有美观的外形,而且能丰富西式面点的品种。基本操作手法的熟练程度对西式面点的成型、产品质量有着重要的意义。一般来讲,常用的基本操作手法有和、擀、卷、捏、揉、搓、切、割、抹、裱型等。

任务一 和、擀、卷、捏、揉

一、和

和是将粉料与水或其他辅料掺和在一起和成面团的过程,它是整个点心制作工艺中最初的一道工序,也是一个重要的环节。和面的好坏直接影响成品的质量,影响点心制作工艺能否顺利进行。

过去,和面大多依靠手工操作,而目前使用和面机和面已很普遍,手工和面只是在制作少量或特殊品种时才采用。因此,和面的方法分为机器和面和手工和面两大类。

机器和面是将面点原料通过机械搅拌,调制成面点制作所需要的各种不同性质的面团。

手工和面的技法大体上可分为抄拌法、调和法和搅和法三种。

(一)抄拌法

抄拌法和面的具体操作过程如图4-2所示。

(1)筛面:将面粉放入筛子里,在案板上进行筛制。

(2)将面粉放在案板上(或放入缸、盆中),中间掏一圆形坑塘,加入糖、油等辅料,再加入水。

(3)双手从外向内、由下向上反复抄拌。拌时,用力均匀适量。手不沾水,以粉推水,水、粉结合,成为雪花状(也称穗形状)。

(4)这时可加第二次水,继续用双手抄拌,使面呈结块状,然后把剩下的水洒在面上。

(5)揉搓成面团。

图4-2 面团抄拌成型过程

（二）调和法

调和法和面的具体操作过程如图4-3所示。

（1）先筛面，然后将面粉放在案板上，中间掏一圆形坑塘，加入糖、油等辅料，使之混合均匀。

（2）使用折叠的方法，用面刮板将面由外向内铲，不能使劲揉搓，防止产生筋力，适用于化学膨松面团。

图4-3 面团调和成型过程

（三）搅和法

搅和法一般用于烫面和蛋糊面团。搅和法和面的具体操作过程如图4-4所示。先将面粉倒入盆中，然后用左手浇水，右手拿擀面杖搅拌，边浇水边搅动，使其吃水均匀，搅匀成团；将搅和成的面团放在案板上，根据其性质可再加水或干粉，用手搓成面团。

图4-4　面团搅和成型过程

注意事项

（1）要掌握液体配料与面粉的比例；

（2）要根据面团的性质需要，选用面筋质含量不同的面粉，采用不同的操作手法；

（3）动作要迅速，干净利落，面粉与配料混合均匀，不夹粉粒；

（4）面光、手光、案板光；

（5）姿势要正确，两腿分开，站成丁字步，上身朝前倾，便于用力；

（6）用搅和法和面时要注意，和烫面时，沸水要浇遍、浇匀，使面、水尽快混合均匀；和蛋糊面时，必须顺着一个方向搅匀。

二、擀

擀是西式面点整形的常用手法，将面团放在工作台上，运用擀面杖等工具将面团压平或压薄的方法称为擀，如图4-5所示。面团经过擀制平整或薄厚均匀之后直接涂抹上馅料即可成型。有的造型则是在包馅完成后再擀制成型，擀好的面团可利用折叠、卷等方法做出形态各异的造型。

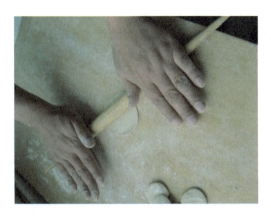

图4-5　西式面点制作的基本操作手法——擀

擀是借助工具将面团展开使之变为片状的操作手法。擀是将坯料放在工作台上，擀面杖置于坯料之上，用双手的中部摁住擀面杖向前滚动的同时，向下施力，将坯料擀成符合要求的厚度和形状。如擀清酥面，用水调面团包入黄油后，擀制时用力要适当，掌握平衡。清酥面的擀制是较难的工序，冬季擀制较易，夏季擀制较困难，擀制的同时还要利用冰箱来调节面团的软硬。擀制好的成品起发高、层次分明、体轻个大，擀不好会造成跑油、层次混乱、虽硬不酥等现象。

> **注意事项**
> （1）擀制面团应干净利落，施力均匀。
> （2）擀制要平整、无断裂、表面光滑。

三、卷

卷是西式面点的成型手法之一，如图4-6所示。需要卷制的品种较多，方法也不尽相同。有的西式面点品种要求在熟制后卷，有的要求在熟制前卷，但无论哪种都是从头到尾用手以滚动的方式，由小而大地卷成。卷有单手卷和双手卷两种形式。单手卷是用一只手拿着形如圆锥的模具，另一只手拿面坯，将面坯裹在模具上从小头向大头均匀地卷起。双手卷是将蛋糕薄坯置于工作台上，涂抹上配料，双手向前推动卷起成型。

图4-6　西式面点制作的基本操作手法——卷

注意事项

（1）卷制不能有空心，粗细要均匀一致。
（2）被卷的坯料不宜放置过久，否则卷制的产品无法结实。
（3）用力要均匀，双手配合要协调一致。

四、捏

用五指配合将制品原料粘在一起，做成各种栩栩如生的实物形态的动作称为捏，如图4-7所示。捏是一种有较高艺术性的手法，西式面点制作常以细腻的杏仁膏为原料，捏成各种水果和小动物。

根据制品原料的差异，捏制的成品有两种类型：一种是实心的；一种是包馅的。实心的为小型制品，其原料全部由杏仁膏构成，根据点缀颜色的需要有的浇一部分巧克力。包馅的一般为较大型的制品，它是用蛋糕坯与蜂蜜调成团后，做出所需的形状，然后用杏仁膏再包上一层。

捏是一种艺术性强、操作比较复杂的手法，用这种手法可以捏糖花、面人、寿桃及各种形态逼真的花鸟、飞禽走兽等。捏不只限于手工成型，还可以借助工具成型，如刀、剪子等。

图4-7　西式面点制作的基本操作手法——捏

注意事项

（1）用力要均匀，面皮不能破损。
（2）制品封口时，不要留痕迹。
（3）制品要美观，形态要逼真、完整。

五、揉

揉可分为单手揉和双手揉两种。

（一）单手揉

适用于较小的面团，先将面团分成小剂，置于工作台上，再将五指合拢，手掌扣住面剂，朝着一个方向旋转揉动。面团在手掌间自然滚动的同时要挤压，使面剂紧凑，光滑变圆，内部气体消失，面团底部中间呈漩涡形，收口向下，放置烤盘上。如图4-8所示。

（二）双手揉

适用于较大的面团，其动作为一只手压住面剂的一端，另一只手压住面剂的另一端，用力向外推揉，再向内使劲卷起，双手配合，反复揉搓，使面剂光滑变圆。待收口集中变小时，最后压紧，收口向下即可。如图4-9所示。

图4-8　单手揉

图4-9　双手揉

注意事项

（1）揉面时用力要轻重适当，要用"浮力"，又称"揉得活"。特别是发酵膨松的面团更不能揉死，否则会影响制品的膨松感。

（2）揉面要始终保持一个光洁面，不可无规则地乱揉，否则面团外观不完整、无光泽，还会破坏面筋网络的形成。

（3）揉面的动作要利落，要把面剂揉匀、揉透。

任务二　搓、切、割、抹、裱型

一、搓

搓是将揉好的面团改变成长条状，或将面粉与油脂混合在一起的操作手法，如图4-10所示。

搓面团时先将揉好的面团改变成长条状，双手的手掌根部摁在长条上，双手同时施力，来回揉搓，边推边搓，两只手在推进的过程中从中间向两边分开，使面条更好地向两侧延展，成为粗细均匀的圆柱形长条。

图4-10　西式面点制作的基本操作手法——搓

油脂与面粉混合在一起搓时，手掌向前施力，使面粉和油脂均匀地混合在一起，但不宜过多揉搓，以防形成面筋网络，影响制品质量。

> **注意事项**
> （1）双手动作要协调，用力要均匀。
> （2）要用手掌根部进行推搓。
> （3）搓的时间不宜过长，用力不宜过猛，以免断裂、发黏。
> （4）条形要粗细均匀，条面圆滑。

二、切

切是借助工具将制品（半成品或成品）分离成型的一种方法，如图4-11所示。

切可分为直刀切、推拉切、斜刀切等，以直刀切、推拉切为主。不同性质的制品，采用不同的切法，以保证制品的质量。

图4-11 西式面点制作的基本操作手法——切

> **注意事项**
> （1）直刀切是用刀笔直地向下切，切时刀不前推，也不后拉，着力点在刀的中部。
> （2）推拉切是在刀由上往下压的同时前后推拉，相互配合，力度应根据制品质地而定。
> （3）斜刀切要掌握好刀的角度，用力要均匀一致。
> （4）在切制品时，应保证制品形态完整，要切直、切均匀。

三、割

割是在面团的表面划裂口，并不切断面团的造型方法，如图4-12所示。制作某些品种的面包时采用割的方法，目的是使制品烘烤后，表面因膨胀而呈现爆裂的效果。为了需要有些制品坯料在未进行烘烤时，先割出一个造型美观的花纹，烘烤后花纹处掀起，填入馅料，以丰富造型和口味。

图4-12 西式面点制作的基本操作手法——割

注意事项

（1）割裂制品的刀具锋刃要利，以免破坏制品的外观。
（2）根据制品的工艺要求，确定割裂口的深度和长度。
（3）割的动作要准确，用力不宜过大、过猛。

四、抹

抹是将调制好的糊状原料用工具平铺均匀，使制品平整光滑的操作过程，如图4-13所示。有些蛋卷在制作时采用抹的方法，不仅把蛋糊均匀地平抹在烤盘上，制品成熟后还要将果酱、打发的奶油等抹在制品的表面进行卷制。抹又是对蛋糕做进一步装饰的基础，蛋糕在装饰之前必须先将所用的抹料平整、均匀地抹在蛋糕的表面，为造型和美化创造条件。

图4-13 西式面点制作的基本操作手法——抹

注意事项

（1）刀具掌握要平稳，用力要均匀。
（2）掌握好抹刀的角度，保证制品光滑、平整。
（3）掌握好抹制的厚度。

五、裱型

裱型又称挤,是对西式面点进行美化、再加工的过程。蛋糕裱花如图4-14所示。通过这一过程,可以增加制品的风味特点,以达到美化外观、丰富品种的目的。挤的手法有以下两种:

(一)布袋挤法

先将布袋装入裱花嘴,用左手虎口抵住裱花袋的中间,翻开内侧,右手将所需原料装入袋中,切忌装得过满,以半袋为宜。材料装好后,将口袋翻回原状,同时把口袋卷紧,挤出空气,使裱花袋坚实硬挺。挤时右手虎口捏住裱花袋上部,手掌紧握裱花袋,左手轻抚裱花袋,并以适当的角度对着蛋糕表面挤出,此时原料经由裱花嘴和操作者的手法动作,自然形成花纹。

(二)纸卷挤法

将纸剪成三角形,卷成喇叭形圆锥筒,然后装入原料,用右手的拇指、食指和中指捏住纸卷的上口用力挤出。

图4-14 蛋糕裱花

注意事项

(1)双手配合要默契,动作要灵活。
(2)用力均匀,裱花袋上口捏紧。
(3)操作姿势正确。
(4)造型要生动、形象、逼真。

项目二　西式面点制作基本技术

西式面点品种多，工艺复杂，但一般制品的基本工艺过程大致相同，归纳起来，主要有以下几个方面。

任务一　面团调制技术

面团调制是指将主要原料与辅助原料配合，运用调制手法使制品成为适合各种点心需要的面团。

不同的点心制品其所用原料性质及面团调制工艺不尽相同，所以面团调制技术多种多样。但就一般品种而言，面团调制的基本操作主要包括原辅料准备、混料、调和、形成面团等工艺过程。

一、原辅料准备

原辅料准备是指各种原料按配方和产量要求准确称取所需原辅料以及进行必要的原辅料处理。如面粉过筛、打蛋、果料和果仁的清洗加工等。

二、混料

混料是指将准备好的原辅料，根据不同工艺要求，依次投料。

三、调和

调和又称和面，是将主料与辅料依次掺和的过程。该过程称为面团调制工艺，工艺中所需要的操作技法，称为面团调制技术。

西式面点的面团调制技术通常有蛋糖调制法、糖油调制法、粉油调制法、一次调制法、两步调制法和连续调制法等。调制手段有机器调制和手工调制两种。

四、形成面团

形成面团就是在不同调制方法的基础上形成面坯的半制品，它的好坏，直接影响西式面点的品质及操作工序。不同的西式面点品种，具有不同的面团调制方法。西式面点常见的面团有水调面团、水油面团、油酥面团和膨松面团等。

任务二　面团膨松技术

膨松技术是西式面点制作的重要方法。质地疏松是西式面点质量的主要指标。西式面点的绝大多数制品都有不同程度的膨松性。

制品膨松是制品中引入气体作用的结果。西式面点工艺中常用的膨松方法有机械膨松法、化学膨松法和生物膨松法。

一、机械膨松法

机械膨松法又叫物理膨松法，又称搅打法。它是以某种原料为搅打介质，通过机械高速搅打方式引入空气，从而使制品膨松的方法。

西式面点制作中的机械膨松常见于下述几种情况，即全蛋液和糖、蛋清和糖、油脂和糖及鲜奶油的搅打等。此外，起酥类点心制作中的折叠亦属于机械膨松。

二、化学膨松法

化学膨松法是由化学膨松剂通过化学反应产生二氧化碳气体使制品膨松的方法，常在蛋糕、点心和饼干制作中应用。

西式面点制作中常用的化学膨松剂有碳酸氢钠、碳酸氢铵和泡打粉。它们在受热过程中虽然都能产生二氧化碳，但由于各自的化学成分不同，因而反应形式有异。

在西式面点制作中，无论使用哪种膨松剂都不宜加入过量，否则产生的过多气体会使制品结构粗糙，质量降低。

三、生物膨松法

生物膨松法又称发酵法，是利用生物膨松剂即酵母在面团中的发酵作用使制品膨松的一种方法。

任务三　成型技术

成型是西式面点制作中具有较高技术性和艺术性的工序。所谓成型技术，是指将调制好的面团按照产品要求，运用各种方法，形成半成品或成品生坯的工艺方法。

西式面点工艺中的成型方法很多，主要有三种基本形式：手工成型、模具成型和机械成型。

一、手工成型

手工成型是运用各种基本的手工操作技法使制品成型的方法。目前在饭店大部分还是以手工成型为主。手工成型方法在项目一中已讲，此处不再赘述。

二、模具成型

模具成型是利用各种模具，使面团形成各种形态的半成品或成品生坯的方法。它具有使用方便、规格一致等优点。西式面点模具如图4-15所示。常见的模具有三类，即印模、套模和盒模。模具成型的方法有一次成型和二次成型两种。

图4-15　西式面点模具

三、机械成型

机械成型是在手工成型的基础上发展起来的，它是利用机械模具使制品成型的方法。常见的有蛋糕浇模机、面团压片机、揉圆机、面包成型机等。

任务四　熟制技术

熟制技术又称制品的成熟。它是在半成品的基础上，运用各种加热方法，使其在温度作用下形成色、香、味、型俱佳的制品。西式面点成熟的主要方法有烘焙、油炸、煎、蒸、煮等，其中烘焙为最主要的方法。

制品成熟也是一个复杂的物质变化过程，它发生着一系列的物理、化学变化。如制品内水分蒸发、气体膨胀、蛋白质凝固、淀粉糊化、油脂溶化、糖的焦化和美拉德反应等。

需掌握西式面点成熟的三大要素,即制品的种类、温度和时间。

任务五　装饰技术

重视装饰是西式面点工艺的一大特色,也是西式面点品种变化的主要手段。西式面点装饰如图4-16所示。所谓装饰技术,是指操作者以装饰原料为基础,通过精湛的技术、审美的意识及艺术的想象力,运用多种手法,实现制品美的过程。西式面点的装饰技术一般包括装饰设计、装饰方法、装饰用料等内容。

 ## 一、装饰设计

西式面点中的装饰设计一般包括装饰类型与方法的确定、图案与色彩的构思以及装饰原料的选择。西式面点中的装饰类型一般有简易装饰、图案装饰和造型装饰三种,其方法依制品要求而定。装饰图案有对称与非对称、规则与非规则之分,图案要求简洁、流畅、布局合理。色彩装饰力求协调、明快、雅致,其搭配方式可以采用近似或反差的原则,以产生悦目和诱人的视觉效果。

 ## 二、装饰方法

西式面点的装饰方法很多,常用的有色泽装饰、平面或立体造型装饰、夹心装饰、表面装饰及模具装饰等方法。

 ## 三、装饰用料

西式面点中的装饰材料较多,常用的有奶油制品、巧克力制品、糖制品、干鲜果品、罐头制品以及其他装饰材料。

图4-16　西式面点装饰

模块小结

西式面点工艺包括的内容较多，是学生学习西式面点的基础知识，只有掌握基础知识和技能，才能为将来的职业发展创造条件。

思考与练习

一、选择题

1.手工和面的技法大体上可分为哪三种？（　　）
A.抄拌法　　　　B.调和法　　　　C.搅合法　　　　D.和面

2.切可分为直刀切、推拉切、斜刀切等，以_____、_____为主。（　　）
A.直刀切　　　　B.推拉切　　　　C.蒸菜肴　　　　D.斜刀切

3.西式面点工艺中的成型方法很多，但主要有三种基本形式：_____、_____和_____。（　　）
A.手工成型　　　B.模具成型　　　C.机械成型　　　D.压匀面团

4.西式面点成熟的主要方法有烘焙、油炸、煎、蒸、煮等，其中_____为最主要的方法。（　　）
A.油炸　　　　　B.烘焙　　　　　C.煎　　　　　　D.煮

5.西式面点成熟的三大要素是制品的_____、_____和_____。（　　）
A.水分　　　　　B.时间　　　　　C.温度　　　　　D.种类

二、填空题

1.西式面点常用的基本操作手法有_____、_____、_____、_____、_____、_____、割、抹、裱型等。

2.卷有_____和_____两种形式。

3.面团调制的基本操作，主要包括_____、_____、_____、_____、_____等工艺过程。

4.西式面点面团的调制技术通常有_____、_____、_____、一次调制法、两步调制法和连续调制法等。

三、判断题

1.和是将粉料与水或其他辅料掺和在一起和成面团的过程，它是整个点心制作工艺中最初的一道工序，也是一个重要的环节。（　　）

2.用搅和法时要注意，和烫面时，沸水要浇遍、浇匀，使面、水尽快混合均匀；和蛋糊面时，可以顺着不同方向搅匀。（　　）

3.清酥面的擀制是较难的工序，夏季擀制较易，冬季擀制较困难，擀制的同时还要利用冰箱来调节面团的软硬。（　　）

4.西式面点常见的面团有水调面团、水油面团、油酥面团和膨松面团等。（　　）

5.西式面点制作中常用的生物膨松剂有碳酸氢钠、碳酸氢铵和泡打粉。　　　（　　）

四、简答题

1. 和的方法及注意事项有哪些？
2. 搓的方法及注意事项有哪些？
3. 抹的方法及注意事项有哪些？
4. 裱型的方法及注意事项有哪些？
5. 调制面团的常见方法有哪几种？
6. 面点常用的膨松方法有哪几种？
7. 西式面点点装饰技术一般包括什么内容？

模块五　西式面点制作工艺

学习目标

知识目标

- 了解蛋糕的分类及特点
- 掌握各类蛋糕的制作方法
- 掌握各类点心的制作方法

能力目标

- 能够制作各类蛋糕
- 培养学生良好的职业素养

模块导入

生日蛋糕的由来

中古时期的欧洲人相信,生日是灵魂最容易被恶魔入侵的日子,所以在生日当天,亲人朋友都会齐聚过生日的人的身边给予祝福,并且送蛋糕以带来好运驱逐恶魔。流传到现在,不论是大人或小孩,都可以在生日时买个漂亮的蛋糕,享受众人给予的祝福。由于疼爱孩子,古希腊人在庆祝他们孩子的生日时,会在蛋糕上面放很多点亮的小蜡烛,并且加进一项新的活动——吹灭这些点亮的蜡烛。他们相信燃烧着的蜡烛具有神秘的力量,如果这时让过生日的孩子在心中许下一个愿望,然后一口气吹灭所有蜡烛,那么这个孩子的美好愿望就一定能够实现。图5-1所示为寿星蛋糕。

图5-1 寿星蛋糕

项目一　蛋糕制作工艺

蛋糕是西式面点中深受欢迎的制品之一，它不仅有浓郁芬芳的香味，美丽诱人的外表，而且含有丰富的营养成分。

任务一　蛋糕的一般特征

一、蛋糕的分类

蛋糕是西式面点中常见的品种，根据用料加工工艺，可分为清蛋糕和油脂蛋糕两大类。

（一）清蛋糕

清蛋糕又称海绵蛋糕、乳沫蛋糕，是蛋糕类最常见的品种之一，如图5-2所示。它具有色泽金黄，质地膨大、松软，口感柔软、细腻、香甜，形似海绵的特点。清蛋糕的用途极广，常用作各类西式奶油甜点、黄油甜点及生日蛋糕的坯料。

图5-2　清蛋糕

清蛋糕是用全蛋、糖搅打与面粉混合在一起制成的膨松制品。清蛋糕的膨松主要是靠蛋清搅打的气泡作用而形成的。蛋糕的膨松主要是物理膨松作用的结果。

（二）油脂蛋糕

油脂蛋糕是配方中含有较多油脂的一类松软制品，如图5-3所示。油脂蛋糕具有良好的香味，柔软滑润的质感，入口香甜，回味无穷。油脂蛋糕根据配方中油脂的比例不同，又可分为轻油脂蛋糕和重油脂蛋糕，但它们同属面糊类蛋糕。

图5-3 油脂蛋糕

二、调制方法

(一) 一般用料

清蛋糕面糊使用的原料主要有低筋面粉、糖、鸡蛋,另外还可根据蛋糕品种的需要,加入香料及适量的油脂或液体等。由于清蛋糕面糊中所使用的鸡蛋成分不同,有的只用蛋清,有的用全蛋,有的又加大蛋黄的用量,因此清蛋糕有天使蛋糕和全蛋海绵蛋糕之分。

油脂蛋糕根据配方的不同,用料有差异,有的配方用膨松剂,而有的则加大配方中油脂、蛋液的使用量,使制品膨松。但一般主要的原料有油脂、鸡蛋、糖、面粉等。这些原料依据各自的特点,在制品中发挥着作用。

(二) 工艺方法

蛋糕糊是靠打蛋机(或打蛋器),在盛有配料的容器中不停地快速转动。将蛋液、糖、油脂等搅拌均匀,同时产生大量的气泡,来达到膨胀的目的。蛋糕成品质量和蛋糕的配料、温度、搅拌时间有密切的关系,不同的配料,采用不同的搅拌方法就能做出不同质量的蛋糕。

1.清蛋糕的调制方法

根据蛋液的使用情况,清蛋糕调制可分为全蛋搅拌法(行业称"混打法")和蛋清、蛋黄分开搅拌法(行业称"清打法")。

(1) 全蛋搅拌法,是将糖与全蛋液在搅拌机内一起抽打到蛋液体积膨胀三倍左右,成为乳白色稠糊状后,加入过筛面粉搅拌均匀的方法。全蛋搅拌法制作出的清蛋糕胚,广泛用于西式面点各种蛋糕的坯料。如普通的生日蛋糕、黑森林蛋糕、英式咖啡蛋糕、意大利奶油蛋糕、慕斯蛋糕等。

(2) 蛋清、蛋黄分开搅拌法,是将蛋清、蛋黄分别置于两个容器内,首先将蛋清加入少量的糖,搅打起泡沫后,再加入总糖量的二分之一继续抽打均匀,当用抽子或手将蛋清挑起能够立住时即可。然后在装有蛋黄的容器中,加入剩余的糖进行快速搅打,使其成为乳黄色蛋黄糊。再将蛋黄糊倒入蛋清糊中搅拌均匀,最后加入过筛的蛋糕面粉搅匀即可。

2.油脂蛋糕的调制方法

油脂蛋糕大多采用油、糖搅拌法和面粉、油脂搅拌法。前者是先将油和糖放在容器中充分搅拌，使油和糖融合大量的空气，待体积膨胀后，再将其他配料依次放入搅拌均匀。采用此种方法制作的蛋糕，体积大、组织松软。后者的具体方法：先将面粉、油脂搅拌均匀，然后再依次放入其他原料。使用这种方法制作的蛋糕较油、糖搅拌法制作的蛋糕内部组织更紧密。

在实际工作中，轻油脂和重油脂蛋糕面糊的调制工艺基本相同。可以针对两种蛋糕的性质和顾客的需求来控制蛋糕的组织和结构，以生产出不同品质和特性的油脂蛋糕。

（三）蛋糕坯搅拌的基本要求

（1）认真选择原料。面粉宜用低筋面粉，如果没有低筋面粉可用部分玉米粉代替面粉。鸡蛋要新鲜，因为新鲜鸡蛋的胶体溶液浓度高，能更好地与空气相结合，保持气体性能稳定。要选用可塑性、融合性和油性好的油脂，以提高坯料的膨松性。

（2）单独搅拌蛋清时，搅打工具和容器不能沾油，以防破坏蛋清的胶黏性。

（3）严格控制搅拌的温度，全蛋液的温度一般在25 ℃左右，蛋清的温度一般在22 ℃左右。温度过高，蛋液会变得稀薄，胶黏性差，无法保存气体；温度过低，黏性较大，搅拌时不易带入空气。黄油的温度应控制在25 ℃左右，温度过低，搅拌时易于凝固而不膨松；温度过高，也会因熔化而失去乳化性能。

（4）搅拌鸡蛋的时间不宜过长，否则会破坏糊中的气泡，影响蛋糕质量。

任务二　蛋糕的成型

蛋糕类的点心品种很多，其大多是在蛋糕坯的基础上，进行加工、装饰而成。

蛋糕原料经过搅拌后，即可放入模具中进行蛋糕坯成型，用刮板刮平后进炉烘烤。烤制的底坯如图5-4所示。蛋糕坯的整体形状由蛋糕坯模具的形状决定，为了保证蛋糕成型的质量，蛋糕在成型时考虑以下几点。

图5-4　烤制的底坯

一、正确选择模具

常用模具的形状有圆形、长方形、桃心形、花边形等，还有高边和低边之分，深的一般为5~8厘米，浅的为2~3厘米。选用模具时要根据制品特点及需要灵活选择。一般来说，蛋糊中油脂含量较高，制品不易成熟，选择模具时不宜过大。相反，蛋糊中油脂成分少、组织松软，容易成熟，选择模具的范围比较广泛，可根据需要掌握。

 二、掌握蛋糕糊的填充量标准

蛋糕糊的填充量是由模具的大小决定的。蛋糕糊的填充量一般以模具的七八成满为宜，因为蛋糕类制品在成熟过程中会继续胀发。

此外，为了防止成熟的蛋糕坯黏附模具，在盛装蛋糕糊之前，应在模具中垫一层纸或刷一层油。如果使用无底圈的蛋糕圈做模具，还要用油纸将蛋糕圈底部包好，以免倒入清蛋糕糊时流出来。

任务三　蛋糕的成熟

 一、蛋糕的烤制

蛋糕制品是在烤箱内，通过辐射热、传导热、对流热的作用而成熟的，这是一项技术性较强的工作。蛋糕的成熟是制作蛋糕制品的关键步骤之一。蛋糕制品的成熟度与烤箱的温度及烘烤时间有着密切的关系。一般蛋糕的烘烤温度为180~200 ℃。

影响蛋糕制品成熟的因素很多，如蛋糕制品的性质和要求，烤箱的性能，烤箱的使用方法，是否提前将烤箱调到所需的温度预热，以及烘烤温度和时间等。其中以烤箱的温度和时间最为重要。

蛋糕制品烘烤的温度与时间随面糊中配料的不同而有所变化。面糊中油脂配料投入越多，油脂占的比重越高，所需的烘烤温度就越低，时间也就越长；相反，则温度高，时间短。

蛋糕制品的烘烤温度和时间与制品的形状、大小、薄厚也有密切的关系。在相同的烘烤条件下制品的形状、大小及薄厚不同，烘烤的温度和时间大不一样。制品形状越大，体积越厚，所需烘烤温度越低，时间越长；反之，则温度高，时间短。

二、蛋糕制品成熟的检验

蛋糕制品在烤箱中烤制所需的基本时间后，应检验蛋糕是否成熟。其检验方法主要有：

（1）观察制品色泽是否达到要求，制品外观是否完整。成熟后的制品应色泽均匀，顶部不塌陷或隆起。

（2）可用手指在蛋糕顶部中央轻轻触碰，如果感觉坚硬，成固体状，表示蛋糕尚未成熟。若手指压下去的部分马上弹回，则表示蛋糕已经熟透。

（3）可用牙签或其他细棒在蛋糕中央插入，拔出后不黏附面糊，则表明蛋糕已成熟；

反之则没有烤熟。

成熟后的蛋糕应立即从烤箱中取出，否则烘烤时间过久，蛋糕内部水分损耗太多，蛋糕易干硬，影响品质。

> **注意事项**
> （1）烘烤蛋糕制品之前，应把烤箱预热，这样在蛋糕放入烤箱时能达到相应的烘烤温度。一般的清蛋糕烘烤温度为190~200 ℃。
> （2）必须了解将要烘烤的清蛋糕的品质和要求，及时设置所需的烘烤温度、时间。
> （3）了解烤箱的性能，掌握烤箱的正确使用方法。
> （4）烘烤清蛋糕制品时，烤盘应放在烤箱的中央位置，烤盘、烤模的码放不能过密，更不能重叠码放，否则制品受热不均匀，会影响成品的质量。
> （5）不同性质、大小的蛋糕制品不可在同一烤盘、同一烤箱内烘烤。
> （6）蛋糕面糊混合好后，应尽快放到烤盘、烤模中，然后放进烤箱烘烤。

任务四　蛋糕的表面装饰

蛋糕的表面装饰是蛋糕制作工艺的最终环节，通过装饰与点缀，不但能增加蛋糕的风味，提高营养价值和质量，而且能给人们带来美的享受，增进食欲。

一、蛋糕的装饰材料

蛋糕的装饰材料比较多，按照用途可分为两大类，即表面涂抹的软质原料和进行捏塑造型、点缀用的硬质材料。原料的选择多以色泽美观、营养丰富为特点。常用的蛋糕装饰材料有奶油制品、巧克力制品等。

（1）奶油制品：黄油、鲜奶油（图5-5）等。

图5-5　鲜奶油

（2）巧克力制品：奶油巧克力、枫糖巧克力、巧克力米、巧克力碎皮等。巧克力装饰材料如图5-6所示。

图5-6 巧克力装饰材料

（3）糖制品：蛋白糖、糖粉、装饰豆、花等。

（4）新鲜果品及罐头制品：草莓、红樱桃、菠萝、鲜桃、猕猴桃、黑樱桃、龙眼罐头等。水果蛋糕如图5-7所示。

图5-7 水果蛋糕

 二、蛋糕的装饰手法

（一）涂抹

涂抹是装饰的最初阶段，一般方法如下：首先将一个完整的蛋糕坯片成若干层，然后借助工具以涂抹的方法，将装饰材料（如膨松奶油等）涂抹在每层的中间及外表，使表面光滑均匀，以便对蛋糕做进一步的装饰。

（二）淋挂

淋挂是将较硬的材料，经过适当温度熔化成稠状液体后，直接淋在蛋糕的外表上，冷却后表面凝固、平坦、光滑，具有不沾手的效果，如脆皮巧克力蛋糕。

（三）挤

挤是将各种装饰用的糊状材料（如打起的鲜奶油等）装入带有裱花嘴的裱花袋中，用手施力挤出花形和花纹。

（四）捏塑

捏塑是将可塑性好的材料（如马司板、糖制品），用手工制成形象逼真、活泼可爱的动物、人物和花卉等制品。捏塑制品的原料和装饰材料应具有可食性、观赏性。

（五）点缀

点缀是把各种不同的再制品或干鲜果品，按照不同的造型需要，准确摆放在蛋糕表面的适当位置上，以充分体现制品的艺术造型。

任务五　制作实例

一、清蛋糕坯

（一）原料

鸡蛋1 000克，白糖500克，面粉500克，黄油50克。

（二）制作过程

（1）将鸡蛋、砂糖放入搅拌桶内快速搅拌，待蛋液打至能在手指立住时停止搅拌。

（2）面粉过筛加入搅打过的鸡蛋液中，迅速搅拌均匀，随后加入溶化的黄油或沙拉油调匀。

（3）将蛋糊倒入模具中，放入180 ℃的烤箱内，烘烤约30分钟。烤熟后，把蛋糕坯从模具中取出晾凉。

此蛋糕可作为装饰蛋糕的坯料，如图5-8所示。

图5-8　装饰蛋糕的坯料

质量标准：色泽金黄，口感松软，细腻有弹性。

二、海绵蛋糕

（一）原料

低筋面粉100克，鸡蛋3个（约150克），细砂糖90克，水饴6克，黄油26克，牛奶40克。

（二）制作过程

（1）先烧一锅水，温度控制在80 ℃左右（锅中出现小泡泡即可关火），同时将鸡蛋液放在盆中备用。如图5-9所示。

图5-9　步骤1

（2）把装有鸡蛋液的盆放入装有热水的锅中，用打蛋器低速打发至出泡。这个时候一定要注意蛋糊的温度，可以用手指来感觉温度，温度在40 ℃左右时马上把盆子从热水中移开。如图5-10所示。

图5-10　步骤2

（3）水饴称好放入装有热水的锅中，加热成流动性强的液体。如图5-11所示。

图5-11　步骤3

（4）把加热好的水饴马上倒入略打发过的蛋糊中，继续用打蛋器打发蛋糊。如图5-12所示。

图5-12　步骤4

（5）水饴加好用中速打发几十秒，一次性加入细砂糖继续用打蛋器中速打发至产生略细一点的泡，然后一直用高速打发。如图5-13所示。

图5-13　步骤5

（6）在高速打发的时候，如果蛋糕的温度偏低，继续放入装有热水的锅中打发。同时要观察蛋糕的温度，保持在40 ℃左右（没有温度计可以用手指试一下手感，比体温高一点）取出。如图5-14所示。

图5-14　步骤6

（7）一直用打蛋器高速打发至可提起蛋糊，滴落的蛋糊在30秒内不会消失就算打发好了。如图5-15所示。

图5-15　步骤7

（8）打发好的蛋糊，用最低的一档继续打发（这个过程称为整理气泡）。大约打发一分钟，具体视蛋糊细腻程度来定（蛋糊看上去很细腻，基本看不到气泡为止）。如图5-16所示。

图5-16 步骤8

（9）在搅拌面粉的时候，同时把黄油和牛奶放入热水中加热至50 ℃以上。如图5-17所示。

图5-17 步骤9

（10）低筋面粉过筛两次，分三次加入蛋糕中，每次加入后搅拌匀再加下一次。如图5-18所示。

图5-18 步骤10

（11）取少许搅拌好的蛋糊放入黄油中搅拌均匀。如图5-19所示。

图5-19 步骤11

（12）把搅拌均匀的黄油和牛奶糊倒入蛋糊中，再用搅拌面粉一样的手法把蛋糕糊搅拌均匀。搅拌100次左右。如图5-20所示。

图5-20　步骤12

（13）把搅拌好的蛋糕糊倒入模具中。如图5-21所示。

图5-21　步骤13

（14）烤箱提前预热，预热温度设置为170 ℃，烤制时间为45~50分钟。如图5-22所示。

图5-22　步骤14

（15）蛋糕烤好后出炉，冷却后，直接用手脱模，蛋糕的高度接近6.5厘米。蛋糕成品如图5-23所示。

图5-23　蛋糕成品

三、黄油蛋糕

（一）原料

黄油1 000克，砂糖1 000克，鸡蛋1 200克，低筋面粉1 400克，牛奶240克，葡萄干150克，发酵粉10克，香草精适量。

（二）制作过程

（1）在搅拌盆中混合放入低筋面粉和发酵粉，用打蛋器进行搅拌，捣碎结块。如图5-24所示。

图5-24　步骤1

（2）搅打黄油：在搅拌盆中放入室温下软化的黄油，用打蛋器搅打至呈顺滑的蛋黄酱状，使其充入空气。如图5-25所示。

图5-25　步骤2

（3）加入砂糖：砂糖分三次加入搅打好的黄油中，每加入一次砂糖，用搅拌器进行搅拌。其要领是砂糖与黄油完全融合后再继续加入下一次。如图5-26所示。

图5-26　步骤3

（4）混合搅拌：使其中充满空气，摩擦搅打至黄油颜色发白，体积膨胀。如图5-27所示。

图5-27　步骤4

（5）加入鸡蛋：将鸡蛋打散后分次加入（4）中，每次约加入一大匙的量，每次加入鸡蛋后用打蛋器充分搅拌。如图5-28所示。

图5-28　步骤5

（6）当鸡蛋均匀地与黄油融合在一起且呈柠檬色后，加入牛奶、香草精、葡萄干后搅拌均匀。如图5-29所示。

图5-29　步骤6

（7）将准备好的面粉筛入，用橡皮刮刀轻轻地搅拌混合，搅拌至面粉消失即可。如图5-30所示。

图5-30　步骤7

（8）倒入模具中进行烘焙：将面糊倒入准备好的模具中，用橡皮刮刀将表面整理平整，用橡皮刮刀将中间做成凹陷状，这样可以防止蛋糕中央膨胀。最后，放入180 ℃的烤箱中烘烤40分钟。如图5-31所示。

图5-31　步骤8

（9）烘烤时间到，用牙签插入蛋糕中间开裂位置，如果牙签上粘连蛋糕，继续烘烤1~2分钟，直到牙签不再粘连蛋糕后脱模，切块装盘。

项目二　点心制作工艺

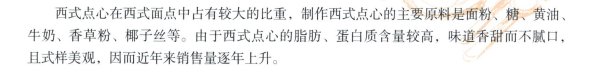

西式点心在西式面点中占有较大的比重,制作西式点心的主要原料是面粉、糖、黄油、牛奶、香草粉、椰子丝等。由于西式点心的脂肪、蛋白质含量较高,味道香甜而不腻口,且式样美观,因而近年来销售量逐年上升。

任务一　甜酥点心

甜酥点心(sweet and short pastry)又称混酥点心。

一、混酥面坯的调制

甜酥点心是用黄油、面粉、鸡蛋、糖等主要原料,通过成型、烘烤、装饰等工艺而制成的一类点心。此类点心的面坯无层次,但具有酥松性。

甜酥面坯的酥松性,主要是由面团中的面粉和油脂等原料的性质所决定的。这类面坯油脂比例越高,酥松性越强。

甜酥面坯是西式面点制作中最常见的基础面坯之一,其制品多见于各种排类、塔类、饼干类以及各式蛋糕的底部装饰和甜点的装饰等。

二、一般用料

调制甜酥面坯的一般用料有面粉、黄油、糖、鸡蛋等。在实际生产中,为了增加甜酥面坯的口味和成品的质量,往往要加入其他辅料或调味品以增加成品的风味和酥松性。如为了突出甜酥面坯的香味,可在调制甜酥面坯时,加入适量的香兰素或香草精;为了增加甜酥面坯的独特口味,可在调制面坯时,加入适量的柠檬皮、杏仁粉等。

三、调制方法

在实际应用中,制作甜酥面坯最基本的工艺方法有油面调制法和油糖调制法。

(一)油面调制法

油面调制法是先将油脂和面粉一同放入搅拌缸内,慢速或中速搅拌,当油脂和面粉充分融合后，再加入鸡蛋等辅料制作甜酥面坯的方法。

这类甜酥面坯的制作要求是，面坯中的油脂要完全渗透到面粉中，这样才能使烘烤后的产品具有酥性，而且成品表面较平整、光滑。

（二）油糖调制法

油糖调制法是先将油脂和糖一起搅拌，然后再加入鸡蛋、面粉等原料制作甜酥面坯的方法。

> **注意事项**
>
> （1）制作甜酥面坯的面粉最好用低筋面粉，如果面粉筋度太高，则在搅拌面团和整形过程中易揉捏出筋，使之在烘烤中面皮发生收缩现象，导致制品坚硬，失去应有的酥松品质。
>
> （2）制作甜酥面坯时，应选用颗粒细小的糖制品，如细砂糖、绵白糖或糖粉。如果糖的晶体粒太粗，在搅拌中不易溶化，会造成面团擀制困难，制品成熟后，表皮会呈现一些斑点，影响制品质量。
>
> （3）加入面粉后，切忌搅拌过久，更不能反复揉搓，以防面粉产生筋性，影响成型和烘烤后制品的质量。
>
> （4）甜酥面坯制成后，应装入容器中并存放在冰箱中冷却。其目的：一是使面团内部水分能被充分均匀地吸收；二是促使黄油凝固，易于面坯成型；三是使上劲的面团得到松弛。

四、甜酥面坯的成型

（一）工艺方法

甜酥点心的成型一般是借助模具完成的，操作方法是根据制品的需要取出适量面团放在撒有干面粉的工作台上，擀制成薄厚一致的片，然后放在模具里或借助模具印模成型。成型模具如图5-32所示。常用的模具有菊花圆形扣压膜和圆形扣压模等。

图5-32　成型模具

甜酥面坯成型的好坏，直接影响甜酥制品的质量和外观。因为在成型过程中许多因素都直接或间接影响甜酥面坯的组织结构，最终影响成品的质量。

甜酥面坯的成型手法很多，如擀、切、捏、刻等。每个动作都有它特有的功能，可视造型的需要，相互配合应用。

（二）注意事项

（1）甜酥面坯在擀制时，应做到一次性擀平，并立即成型。

（2）擀制成型时，为防止面团出油、上劲，不要将面坯反复擀制揉搓，以免产生成品收缩、口感发硬、酥松性差的不良后果。

（3）在捏制成型时，动作要快、要灵活，否则混酥面坯在手指的温度下极易变软，影响操作。

 ## 五、甜酥制品的成熟

（一）工艺方法

甜酥制品的成熟主要采用烘烤成熟的方法，即将成型后的制品摆放在烤盘上放入预热好的烤箱中进行烘烤。其温度、时间、制品的码放及装饰则依制品要求而定。例如，较小的甜酥面坯制品由于烘烤胀发能力小，在摆放时要相对紧凑一点，以免制品产生焦边现象，导致颜色不均匀。而有的品种在烘烤前要在表面刷一层蛋液，画上花纹，以丰富制品的色泽，使其美观。

成熟的制品往往还要加以装饰。有的码鲜水果、挂巧克力、挂翻砂糖，有的撒糖粉、拼挤各种图案等。但无论怎样装饰，其效果都要淡雅、清新、自然。

（二）注意事项

（1）要根据甜酥制品的要求和特点，灵活掌握烘烤的温度及时间。

（2）夹有馅心的甜酥制品，在入炉前要在制品的表面扎些透气孔，以利于烘烤时水汽的溢出，保持制品表面的平整，保证制品的美观。

（3）烘烤成熟的制品，须及时取下模具，以防模具的热传导性仍能使制品继续加热。如不及时将模具取下，将影响制品的色泽和质量。

（4）检查夹有馅心的甜酥制品是否成熟，首先要看制品底部的成熟程度，然后再决定是否出炉。

任务二　清酥点心

清酥点心（puff pastry）又称起酥点心。

 ## 一、清酥面坯的调制

清酥面坯是用冷水面团与油面团互为表里，经过反复擀叠、冷冻等工艺而制成的面团。清酥面坯制品具有层次清晰、入口香酥的特点，是西式面点制作中常用的面坯之一。

清酥面坯由两种不同性质的面团组成。一种是面粉、水及少量油脂调制而成的水面团；

另一种是油脂与少量面粉结合而成的油面团,两者相间擀叠而成。

二、一般用料

清酥面坯的主要用料是高筋面粉、油脂、水、盐等,它们在面坯中发挥着各自的作用。

三、调制方法

清酥面坯的调制是一项难度大、工艺要求高、操作复杂的制作工艺。在行业中,其具体方法有两种,一种是水面包油面调制;另一种是油面包水面调制。

(一)水面包油面调制

1.调制水面坯

先将过筛的面粉与盐、油脂一同放入搅拌机中,搅拌至面坯均匀有光泽。取出面坯,放在工作台上,将面坯分割、滚圆,并在滚圆的面坯顶部用刀划刀口(其深度约为面坯高度的三分之一),然后将加工好的面坯用湿布盖上进行醒置。

2.调制油面坯

将油脂软化,根据原料配比加入适量面粉搓匀,呈长方形或正方形,放入冰箱中冷却。

3.包油

将醒好的水面坯或油面坯擀成或压成四边薄、中间厚的正方形,将油面坯放在水面坯中央,然后分别把水面坯四角的面皮包盖在中间的油面坯上,包好的面坯稍醒置后,即可折叠擀制。

4.擀叠

将醒置好的面坯,用走锤或压面机从面坯中间部分向前、后擀展开,将面坯擀至长度与宽度比为3∶2时,从面坯两边叠上来,叠成三折,然后将折叠成三折的长方形面坯横过来,进行第二次擀制,方法同第一次。擀叠完成后放入冰箱冷却,冷却后手触面坯稍有硬感时,就可以进行第三次和第四次擀制。待面坯全部擀完后,将面坯团放在托盘内,用湿布盖好放入冰箱备用。

(二)油面包水面调制

油面包水面与水面包油面的工艺方法相比,两者的原料、工艺过程基本相同,只是用料配比及操作手法有差异。

制作油面包水面的方法:根据原料配比,分别调好油面和水面。待面坯冷却后,将油面擀成长方形,把水面放在擀开的油面一端,对折,然后用走锤或压面机进行反复擀叠、冷冻,最后将面坯用湿布盖好备用。

注意事项

(1)制作清酥面坯的面粉应用高筋面粉,低筋面粉不易使面团产生筋力,导致烘烤的制品层次不清、起发不大。

(2)宜采用熔点较高的油脂。熔点低的油脂在折叠时容易软化,产生熔油现象,影响制品的起酥效果。

（3）面粉与油脂要充分混合均匀，不能有油脂疙瘩或干面粉。

（4）包入的油脂应与面团的软硬一致，油脂过软过硬，都会出现油脂分布不均匀或跑油现象，降低制品的质量。

（5）压制面坯或擀制面坯时，面坯要薄厚均匀。

 ## 四、清酥制品的成型

（一）工艺方法

清酥点心的成型方法多种多样。一般方法：将折叠、冷却完毕的面坯，放在工作台上擀薄擀平，或用压面机压薄压平，然后将面坯切割成型，或运用卷、包、码、捏或借助模具等成型方法，制成所需产品的形状。

（二）注意事项

（1）清酥面坯不可冷冻得太硬，如过硬，应放在室温下使其恢复到适宜的硬度，再进行操作。

（2）成型后的面皮薄厚要一致，否则制作出的产品形状不整。

（3）操作间的温度应适宜，避免温度过高。

（4）成型操作的动作要快、干净利索，整个动作一气呵成。面坯在工作台上放置时间不宜太长，防止面坯变得柔软，增加成型的困难，影响产品的膨大和形状的完整。

（5）用于成型切割的刀子应锋利，切割后的面坯应整齐、平滑、间隔分明。

 ## 五、清酥制品的成熟

（一）工艺方法

清酥制品大多采用烘烤成熟的方法，有的根据需要也采用炸制成熟的方法。一般方法：将成型后的半制品放入烤盘中，放入提前预热好的烤箱中，使制品成熟。烘烤温度和时间视制品要求而定。烘烤的温度一般为220℃。

在实际工作中，防止制品表面色泽过深而制品未熟的常用方法：当清酥制品已上色，而制品内部仍未成熟时，可以在制品上面盖上一张锡纸或油纸，以便保持制品在炉内能均匀膨胀。当制品不再继续膨胀时，就可以将纸拿下，改用中温继续将制品烘烤成熟。

（二）注意事项

（1）要确认清酥制品已从内到外完全成熟，才可以使制品出炉。

（2）在烘烤过程中，尤其是在制品受热膨胀阶段，不要随意将炉门打开，这是因为清酥制品完全是靠蒸汽胀大体积的。当炉门打开后，蒸汽会大量逸出炉外，使清酥制品的胀大受到影响。

（3）在膨胀过程中如果制品受到较大的震动，会严重影响清酥制品的体积增大，所以应避免制品受到震动。

（三）质量标准

（1）制品应内外熟透，颜色正常。
（2）制品外观整齐，不歪不斜。
（3）制品的卫生状况良好，底部不糊，无杂质沾连。
（4）制品口味符合质量标准。

任务三　泡芙类

泡芙（puff）是英文的译音，中文习惯称为气鼓。泡芙是一种常见的西式甜点。

泡芙类制品主要有两类：一类是圆形的，英文叫cream puff，中文称为奶油气鼓，此类制品还可根据需要组合成象形质品，如鸭形、鹅形等；另一类是长形的，英文叫eclair，中文称为气鼓条。但二者所用的泡芙面糊完全相同，只是在成型时所用的裱花嘴及手法上有差异，因此产生形状上的变化。

 ### 一、泡芙面糊的调制

泡芙是用烫制面团制成的一类点心，具有外表松脆、色泽金黄、形状美观、食用方便、可口等特点。

泡芙面糊由液体原料、油脂、烫面粉加入鸡蛋制成。它的起发主要是由面糊中各种原料的特性及面坯制作的特殊工艺方法——烫制面团所决定的。

泡芙面糊的用料主要是油脂、面粉、鸡蛋、水等。

 ### 二、调制方法

泡芙面糊的调制一般经过两个过程。一是烫面，具体方法：将水、油、盐等原料放入容器中，上火煮开。待黄油完全软化后加入过筛的面粉，用木勺快速搅拌，直至面团烫熟、烫透，撤离火位。二是搅糊，具体方法：待面糊晾凉，将鸡蛋分次加入烫过的面团内，直至达到所需的质量要求。

检验面糊稠度的方法：用木勺将面糊挑起，当面糊能均匀、缓慢地向下流时，即达到质量要求。若流得过快，说明糊稀；相反，说明鸡蛋量不够。

> **注意事项**
> （1）调制面糊时，要注意将面团完全烫透、烫熟，防止糊锅底。
> （2）面粉必须过筛，去除面粉中的颗粒及杂质。
> （3）烫制面粉时，要充分搅拌均匀，不能有干面粉疙瘩产生。
> （4）加入鸡蛋时，要待面糊冷却后再放入鸡蛋，而且每次加入时必须搅拌至鸡蛋全部融于面糊后，再加下一次。

三、泡芙面糊的成型

泡芙面糊的成型一般用挤制法,具体工艺过程如下:
(1)准备好干净的烤盘,上面刷上一层薄薄的油脂,撒上薄薄的一层面粉。
(2)将调制好的泡芙面糊装入带有挤嘴的裱花袋中,根据需要的形状和大小,将泡芙面糊挤在烤盘上,形成花样。一般形状有圆形、长方形、椭圆形等。

四、泡芙面糊的成熟

泡芙的成熟方法有两种:一种是烘烤成熟;另一种是油炸成熟。

(一)烘烤成熟

泡芙成型后,即可放入200 ℃左右烤箱内烘烤,直至呈金黄色、内部成熟。制作天鹅泡芙如图5-33所示。

(二)油炸成熟

油炸成熟的一般方法:将调好的泡芙面糊用餐勺或裱花袋加工成圆形或长条形,加入五六成热的油锅里,慢慢地炸制,待制品炸成金黄色后捞出,沥干油分,趁热撒上或蘸上所需调味、装饰料,如撒糖粉、玉挂粉、蘸巧克力等。

图5-33 制作天鹅泡芙

任务四　饼干

饼干（cookie）是西式面点制作中最常见的品种之一。饼干的种类很多，一般来讲，按照原料的使用及制作工艺来分，可分为混酥类饼干、清蛋糕类饼干、蛋清类饼干、圣诞节饼干等。

 一、饼干面坯的调制

根据饼干的种类和性质，各类饼干面坯的调制工艺各不相同，常见的有以下几种：

（一）混酥类饼干

混酥类饼干的面坯调制工艺和混酥面坯的调制工艺基本相同。常见的有两种，一种是将面坯调好后，直接成型加工成品。另一种是将调制好的面坯放入冰箱冷冻24小时后，再加工成所需的形状及大小，这种方法用途极为广泛。

（二）清蛋糕类饼干

清蛋糕类饼干的调制工艺与清蛋糕的调制工艺类似，只是在原料的用量比例上和清蛋糕略有不同。有些清蛋糕类的饼干仅用蛋黄，用这种配比制作出的饼干在口味及口感上，都与加入蛋清的饼干有明显的不同。

（三）蛋清类饼干

蛋清类饼干又称蛋白饼干，一般以蛋清、糖作为主料，经过低温烘烤后使之成熟，具有酥脆香甜、入口易化、营养丰富、成本低廉的特点。

（四）圣诞节饼干

圣诞节饼干是西餐圣诞节期间制作的饼干，由于圣诞节饼干具有季节性及工艺上的特殊性，因此无论圣诞节饼干采用哪种调制方法，都可归类于圣诞节饼干，如图5-34所示。

图5-34　圣诞节饼干

圣诞节饼干品种繁多，有相当一部分产品，无论是原料的使用搭配、原料配比，还是调制工艺，都和其他的饼干有着十分明显的区别。

 二、饼干的成型

饼干面坯调制后，即可根据需要，利用各种不同的工艺方法将饼干面坯制成各种形状。

饼干成型的方法多种多样，在西式面点工艺中，常用的成型方法有以下几种：

(一) 挤制法

挤制法又称为一次成型法，就是把调制好的饼干面糊装入带有裱花嘴的裱花袋中，直接挤到烤盘上，然后放入烤箱中烘烤成熟。挤制曲奇饼干如图5-35所示。

图5-35 挤制曲奇饼干

(二) 切割法

切割法是将调制好的饼干面坯放入长方盘或其他容器内，然后放入冰箱冷冻数小时，待面坯冷却后，用刀切割成所需形状和大小的方法。如黑白饼干、三色饼干、果酱饼干、牛眼饼干等均属于用此种方法制作的饼干。采用此种方法制作的饼干大多在面坯内加入大块的果仁或果料。

(三) 花戳法

花戳法是把冷却的面坯擀成一定厚度的面片后，用花戳戳成各种形状的方法。如混酥类的饼干除使用切割法外，还经常使用花戳法。戳制饼干如图5-36所示。

图5-36 戳制饼干

（四）复合法

复合法就是采用多种成型工艺，利用不同的成型方法使饼干成型。利用复合加工成型的方法制作饼干，较其他制作工艺复杂。

运用此方法制作出的饼干制品，既可归入饼干类，也可归入甜点类，均为较高级的甜点饼干，如蜂蜜果仁巧克力饼干、杏仁糖巧克力饼干等。

除此之外，饼干的成型手法还有许多，如运用卷、写、画的方法制作蛋卷饼干、字母饼干、动物饼干等。

三、饼干的成熟

饼干面坯成型后，应放入烤箱内烘烤成熟。一般情况下，烘烤饼干的温度在200 ℃左右。

在烘烤时，要根据饼干的性质和特点以及放入烤箱中饼干的数量，合理地安排烘烤的温度及时间，以达到最合适的烘烤条件。

任务五　制作实例

一、鲜奶蛋挞

（一）原料

鲜奶油210克，牛奶160克，低筋面粉15克，细砂糖63克，蛋黄4个，炼乳15克。蛋挞皮材料：低筋面粉100克，黄油15克，水50克。

（二）制作过程

蛋挞制作过程如图5-37所示。

图5-37　蛋挞制作过程

1.蛋挞水的做法

将鲜奶油、牛奶、炼乳、细砂糖放在小锅里,用小火加热,边加热边搅拌,至细砂糖融化时离火,略放凉;然后加入蛋黄,搅拌均匀。

2.蛋挞皮的做法

(1)将低筋面粉、黄油、水混合,搅拌成面团;再用保鲜膜把面团包起松弛20分钟;然后擀成长方形面片。

(2)将黄油压成薄片,包在面片里;将面片擀长,折成四折,再擀长,如此两次;然后用保鲜膜包住面片放置20分钟,再擀成长方形,然后折成三折;再擀开,用刀切去多余的边缘,把面片卷起来,放入冰箱冷藏30分钟。

(3)把面卷切成1厘米厚的面片,放入蛋挞模里,里面装入蛋挞水,将烤箱设置为230 ℃,烤25分钟后,取出脱模即可食用。

(三)风味特点

奶香浓郁,口感酥香。

二、巧克力曲奇

(一)原料

低筋面粉70克,鸡蛋20克,可可粉15克,黄油75克,糖粉40克,黑芝麻5克。

(二)制作过程

(1)把黄油与巧克力同时放在容器里,在微波炉里稍微加热软化。如图5-38所示。

(2)把巧克力与黄油打碎,搅拌成浆糊状。如图5-39所示。

图5-38 步骤1

图5-39 步骤2

(3)加入糖粉。如图5-40所示。

(4)把糖粉与黄油巧克力浆搅拌到一起。如图5-41所示。

图5-40 步骤3

图5-41 步骤4

（5）加入低筋面粉、可可粉、鸡蛋、黑芝麻进行搅拌。如图5-42所示。
（6）装入裱花袋中，这时，烤盘中铺上油纸。如图5-43所示。

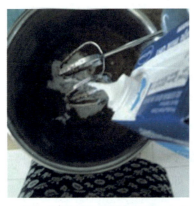
图5-42 步骤5

图5-43 步骤6

（7）最后在烤盘上挤上曲奇，同时开始预热烤箱。裱花完成后，把烤盘放入烤箱。将烤箱温度调至180℃，烘烤20分钟左右，烤熟取盘冷却即可。巧克力曲奇成品如图5-44所示。

图5-44 巧克力曲奇成品

（三）风味特点

口感酥香，巧克力味浓厚。

三、花生酥

（一）原料

花生粉250克、花生油160克、中筋面粉250克、糖粉140克、香草精1茶匙、蛋黄1个。

（二）制作过程

（1）将花生粉、中筋面粉、糖粉搅拌均匀，中间挖空，加入花生油、香草精揉匀。

（2）将搅拌好的面团分成小剂，搓成8克左右的小团，排在烤盘中，涂上蛋液。

（3）放入烤箱，烤箱温度调至170 ℃，烘烤20分钟，上色即可取出。花生酥成品如图5-45所示。

图5-45　花生酥成品

（三）风味特点

口感酥香，花生味道浓郁。

四、水果泡芙

（一）原料

中筋面粉500克，鸡蛋700克，黄油250克，水500克，鲜奶油450克，鲜水果适量，盐适量，细砂糖适量。

（二）制作过程

（1）黄油切小块加入水、盐、细砂糖，加热至沸腾离火。如图5-46所示。

（2）一次性倒入过筛的中筋面粉，快速搅拌。如图5-47所示。

图5-46　步骤1

图5-47　步骤2

（3）搅拌均匀后再次开火，用中火，边加热边搅拌，直至锅底出现一层薄膜，关火。如图5-48所示。

（4）晾至不烫手时，分四次倒入全蛋液；舀起的面糊缓慢落下时形成倒三角形状即可。如图5-49所示。

图5-48　步骤3

图5-49　步骤4

（5）将面糊装入裱花袋中，用裱花嘴挤到烤盘上，排列的时候面团之间要有空隙，因为泡芙会膨胀。如图5-50所示。

（6）烤箱预热，温度调至200 ℃，上下火，烘烤25~30分钟，直到表面上色，并且膨胀直挺为止，关火继续焖5分钟。如图5-51所示。

图5-50　步骤5

图5-51　步骤6

（7）出炉后静置凉透。如图5-52所示。

（8）鲜奶油冷藏12小时以上，取出摇匀倒入无水无油容器中，加入15克细砂糖中速打至八九成发。如图5-53所示。

图5-52　步骤7

图5-53　步骤8

（9）将泡芙横刀切开，挤入适量的鲜奶油，夹上切好的水果丁即可，如图 5-54 所示。水果泡芙成品如图 5-55 所示。

图5-54　步骤9

图5-55　水果泡芙成品

模块小结

本模块讲述了蛋糕及点心的加工与制作工艺，学生要掌握蛋糕及点心的基本制作原理、制作工艺流程等内容，并且按照工艺流程进行操作练习。

思考与练习

一、填空题

1. 蛋糕是西式面点中常见的品种，根据用料加工工艺，可分为_____和_____两大类。

2. 蛋糕糊的填充量一般以模具的_____成满为宜，因为蛋糕类制品在成熟过程中会继续胀发。

3. 蛋糕的装饰材料比较多，按照用途可分为两大类，即表面涂抹的_____和进行捏塑造型、点缀用的_____。

4. 泡芙的成熟方法有两种：一种是_____成熟；另一种是_____成熟。

二、简答题

1. 清酥的概念是什么？
2. 什么是甜酥？
3. 烤制面包时的注意事项有什么？
4 清酥的起酥原理是什么？
5. 甜酥的制作原理是什么？
6. 什么是泡芙？
7. 泡芙有哪些特点？
8. 泡芙的制作方法有哪些？

模块六　冷冻甜食及装饰制品

学习目标

知识目标

- 了解冷冻甜食的特性
- 掌握冷冻甜食的制作方法

能力目标

- 能够制作冷冻甜食
- 培养学生良好的职业素养

模块导入

果冻

果冻是以水、白砂糖、卡拉胶、魔芋粉等为主要原料，经溶胶、调配、灌装、杀菌、冷却等多道工序制成的美味食品。卡拉胶又称为鹿角菜胶、角叉菜胶，是从天然麒麟菜等海藻中提取的天然多糖胶体，具有可溶性膳食纤维的基本特性，是我国批准在各类食品中使用的安全的增稠剂；魔芋是一种草本植物，又名蒟蒻，主要分布在我国四川、云南、贵州、陕西等地，而魔芋粉则是通过深加工提取的粉末产品，魔芋粉主要成分是葡甘露聚糖，是我国批准使用的安全食品配料。目前国内果冻行业不使用明胶，这一点从果冻包装的产品配料表上就可以看出。而且，卡拉胶、魔芋粉等胶粉在果冻中的占比约为1%，占总成本约为5%。

但不要轻易相信吃了它就能起到补钙的作用。果冻中含有大量膳食纤维，导致其在人体中的消化非常快，添加的营养素很快就会随着人体新陈代谢流失掉，补充的效果并不是很好。图6-1所示为果冻。

图6-1　果冻

项目一 冷冻甜食

冷冻甜食的品种很多，是西式面点中变化较多的一类点心。它可以是同一类制品选用不同配方；也可以用不同的器皿盛装，同时可以采用不同的造型和装饰方法。

根据主要用料、工艺的不同，冷冻甜食有结力冻（jell）、奶油冻（bavaroise）和冰淇淋（ice cream）等。

任务一 结力冻

结力冻是不含乳及脂肪的一类冷冻甜食，如图6-2所示。这类甜食完全靠结力的凝胶作用制成，具有透明光滑、入口即化的特点。结力冻的用料主要是结力片、水、糖、食用色素等，有时加入少许水果丁做配料，以增加制品品种。它一般的制作方法是将结力片化开，加糖、水及其他配料调匀，装入各式模具中冷冻，待凝固成型时倒出，经装饰即为成品。

图6-2 结力冻

任务二 奶油冻

奶油冻是一种含有乳脂和蛋白的混合物。

一、奶油冻的调制

（一）一般特性

奶油冻又称为"巴伐利亚胶冻"，是一种含有丰富乳脂和蛋白的甜点，具有外形美观、质地细腻、口感香甜的特点，如图6-3所示。

图6-3　奶油冻

（二）一般用料

常见奶油冻的用料，包括鲜奶油、牛奶、蛋黄、蛋清、糖、香精、鱼胶片、巧克力等。有的根据制作品种和口味的要求，还要加入其他原料，如水果汁、香草或调味剂，以增加制品的风味特色和花色品种。

（三）调至方法

奶油冻的调制方法根据品种的不同有所差异，但一般的规律是：将鸡蛋、奶油分别打起，牛奶煮开，鱼胶片泡软化开，其他配料备好，最后根据制品种类、风味特点，组合成奶油冻糊。

> **注意事项**
> （1）鱼胶片要泡软、泡透，要使用合理的配方来生产。
> （2）夏天搅打奶油时，要在搅拌器下用冰水冷却，因为奶油搅打的最佳温度为2~4 ℃，否则成品不稠，影响质量。
> （3）牛奶、蛋糊的混合液与打起的奶油进行搅拌时，动作要轻、要快。
> （4）如果要加入其他原料，如果汁、果肉等，应适当增加鱼胶片的使用量。
> （5）必须在奶油冻液体完全降至室温时才可以加入鲜奶油，搅拌时不要太快、用力过猛。
> （6）煮好的液体温度必须降至70~80 ℃时，才能与蛋黄混合，否则温度过高，易使

蛋黄受热凝固。

（7）加入化开的鱼胶片时要注意其温度不可过高，否则加入奶油冻液体时会产生颗粒，影响制品凝固。

二、奶油冻的成型方法与要求

（一）成型方法

奶油冻的成型方法有多种，一般情况下，奶油冻成型的方法依照制品模具的不同而不同，但在相同的条件下，无论采用何种成型方法和模具，都必须在冰箱内进行冷藏成型。

（二）注意事项

（1）确保制品用料的配比合理，以使制品的质量达到最佳标准。
（2）奶油冻的最后成型要在冰箱内冷藏完成。
（3）用模具使奶油冻成型时，要保证模具清洁，以使制品符合卫生标准。

三、奶油冻的冷却方法

（一）工艺方法

奶油冻的冷却应在冰箱内进行。奶油冻的冷却时间一般为3~6小时。其冷却时间、凝固程度与配料中鱼胶片的使用量有关。一般情况下，原料中的鱼胶片量越大，所需的时间就越短，凝固程度就相对稳定。但过量的鱼胶片不仅影响制品的口味、口感，而且直接影响制品的质感和品质。

此外，奶油冻的冷却时间还与制品的大小、薄厚有着紧密的关系。体积越大、越厚，所需时间就越长。

（二）工艺要求

（1）奶油冻的冷却，不可在0 ℃以下的冰箱内进行。
（2）严格按照制品的生产配方使用原料，不可多放或少放某种原料。
（3）冷却过程中，应避免剧烈震动。
（4）成型后的制品脱模时，要保持制品的完整。

（三）质量标准

（1）制品要软硬适度，造型美观整齐。
（2）口味、口感符合制品特点和标准。

任务三　冰淇淋

冰淇淋的种类繁多，花样百出，但制作方法不外乎用乳或乳制品、蛋或蛋制品、甜味剂、香味剂、稳定剂及食用色素作为原料，经冷冻加工而成，是夏天冷饮品的重要组成部分,是夏天清凉去暑的好食品。

冰淇淋是一种含有优质蛋白质及高糖高脂的食品,另外还含有氨基酸及钙、磷、钾、钠、氯、硫、铁等,具有调节生理机能、保持渗透压和酸碱度的功能。

资料显示,按照国际和国家产品标准,一般奶油冰淇淋,其营养成分为牛奶的2.8~3倍,在人体内的消化率可达95%以上,高于肉类、脂肪类的消化率。

冰淇淋的主要营养成分为糖和脂肪。

冰淇淋中含有糖类,由牛奶中的乳糖和各种果汁、果浆中的果糖以及蔗糖组成,其中的有机酸、丹宁和各种维生素,可以给人体提供所需的营养物质。草莓冰淇淋如图6-4所示。

冰淇淋所含脂肪主要来自牛奶和鸡蛋,有较多的卵磷脂,可释放出胆碱,对增进人的记忆力有帮助。脂肪中的脂溶性维生素也容易被人体所吸收。

国内的冰淇淋主要由三种成分组成,其中脂肪占7%~16%,蔗糖占14%~20%,蛋白质占3%~4%。

图6-4 草莓冰淇淋

注意事项

食用冰淇淋的注意事项

(1)冰淇淋主要成分是水,此外还有糖类、脂肪、蛋白质,所含能量较高,每100克能量为100~200千卡。多吃冰淇淋会因热量摄入过多导致体重增加。

(2)冰淇淋饭前食用,会影响食欲;饭后食用,则使人体消化系统免疫力下降而引起肠炎等。而且食用速度过快对消化系统刺激较大,会引起胃肠不适,小儿应少食。

(3)有很多人把冰淇淋当作消暑美食。但是,冰淇淋在制作中为改善性状及颜色会使用添加剂,多吃有损健康。

◎ 知识链接

制作冷冻甜食的一般要求

（1）使用明胶片、鱼胶粉做制品凝固剂时一定要在与其他原料混合前调匀，不能有疙瘩。
（2）搅打蛋清或蛋黄时，姿势一定要正确，把握好搅打时间和搅打程度。
（3）制品模具要干净，不能有污物。
（4）制品出模时，要保证制品的完整性。
（5）装饰制品时，色彩搭配要协调、雅致。

任务四　制作实例

一、香草奶油冻

（一）原料

淡奶油250克，牛奶150克，白糖60克，明胶粉1.5小勺，香草荚1根。

（二）制作过程

（1）在容器里倒入30克牛奶和明胶粉，搅拌后浸泡在容器里。用刀划开香草荚，用刀尖刮出香草籽。如图6-5所示。

（2）取小锅倒入淡奶油及剩下的牛奶和白糖。把香草籽和香草荚都放进淡奶油中。小火加热煮一会儿淡奶油和香草，但不要让它沸腾，不时搅拌使白糖溶化。关火同时倒入牛奶和明胶粉，搅拌一会儿让明胶粉完全溶化。如图6-6所示。

图6-5　步骤1　　　　　　　　图6-6　步骤2

（3）过筛把香草荚滤出，籽还留在液体里面。同时可以把结块的明胶过滤掉，确保奶油冻细腻。如图6-7所示。

（4）过筛后的液体继续搅拌直至凉透，可以在盆下面放一盆冰水，使液体冷却得更快。冷却好的液体分别倒入模具中，冷藏3~4小时或冷藏一夜效果更好。如图6-8所示。

图6-7 步骤3

图6-8 步骤4

小贴士

模具可以选用普通的玻璃杯，专用的可脱果冻模，或者蛋奶酥的模具。如果直接食用，冷藏3~4小时就可以了，假如需要脱模则要冷藏更长时间，或者稍微增加明胶粉的用量。

脱模的好办法就是把模具放在热水中浸泡一会儿，用平头刀把模具内侧壁稍微刮一下，然后倒扣即可。

二、草莓慕斯蛋糕

（一）原料

草莓慕斯馅、草莓果泥180克，细砂糖90克，吉利丁片2片，白兰地酒16克，鲜奶油240克，消化饼50克。

（二）制作过程

（1）取果泥、细砂糖放入锅内煮化到85 ℃后熄火。

（2）加入泡软的吉利丁片溶化后再加入白兰地酒拌匀。

（3）轻拌至呈现出浓稠状，再加入打发至六成发的鲜奶油，即为草莓慕斯馅料。

（4）将消化饼捣碎，加入在室温下变软的鲜奶油和牛奶，拌匀即成底层派皮。

（5）取模具，先将底层派皮铺下，然后倒入草莓慕斯馅料，放入冰箱冷藏4小时以上。

（6）取出脱模，刷上镜面果胶（也可以不用），点缀上水果即可。草莓慕斯蛋糕成品如图6-9所示。

图6-9 草莓慕斯蛋糕成品

项目二 巧克力制品

近年来，巧克力制品在西式面点行业发展很快，是西式面点装饰工艺中的重要组成部分，它普遍用于蛋糕、点心的装饰，冷冻甜食的配料和艺术造型等。

巧克力来自中南美洲，巧克力的鼻祖是"xocolatl"，意为苦水，其主要原料可可豆产于赤道南北纬18度以内的狭长地带。巧克力的主要成分是可可液块，可可液块中含有可可碱，对多种动物有毒，但对人类来说，可可碱是一种健康的反镇静成分，故食用巧克力有提升精神等功效。巧克力是以可可浆和可可脂为主要原料制成的一种甜食。它不但口感细腻甜美，而且具有一股浓郁的香气。巧克力体积小，发热多，味甜可口。研究发现，巧克力中含有红葡萄酒中所含有的抗氧化物。

因为巧克力在制造过程中所加进的成分不同，所以也造就了它多变的面貌。市面上的纯脂巧克力，依照国标GB/T 19343可分为黑巧克力（dark chocolate或纯巧克力）——总可可固形物≥30%；牛奶巧克力（milk chocolate）——总可可固形物≥25%及总乳固体≥12%；白巧克力（white chocolate）——可可脂≥20%及总乳固体≥14%。

巧克力调制的一般方法是双煮法（又称水浴法）。具体做法如下：将装有切碎巧克力的容器放入盛45~50 ℃温水的较大容器中，让巧克力间接受热溶化，待巧克力重新冷却至接近凝固点时使用。但对不符合使用要求的巧克力可采用在巧克力溶解过程中加油的方法自行调节，以使巧克力的颜色更深、更光亮。

一、调制巧克力的一般要求

（1）溶化巧克力的水温不要高于50 ℃，以免破坏其内部的结构，造成渗油或翻砂糊底。
（2）盛装巧克力的器皿要洁净，以防杂菌污染。
（3）一次溶化的量不要太多，要根据需要适度掌握，反复溶化的巧克力质量不佳。
（4）模制巧克力的模具要干燥洁净，这样出成品时便于脱模。
（5）储存巧克力制品的温度最好为15~18 ℃。

二、巧克力制品的一般质量标准

制品色泽纯正，表面光亮，线条和花纹均匀、流畅、清晰，制品不坍塌，无异味。

三、制作实例

巧克力装饰片如图6-10所示。

(一) 原料

黑巧克力100克。

(二) 制作过程

（1）将巧克力切碎，用双煮法使之溶化。

（2）将溶化的巧克力装入油纸袋中，在大理石板上挤出所需图案。

（3）图案自然冷却后，从大理石板上取下即为各种图案的巧克力花。

图6-10 巧克力装饰片

◎ 知识链接

（1）加入糖浆的目的是使巧克力质地变软，容易操作。加入的糖浆主要是葡萄糖浆。除了品名明确标明为葡萄糖浆的品类外，玉米糖浆、低聚糖浆都可以使用。

（2）加入糖浆不代表巧克力就一直保持软质了，它仍然具有遇热溶化、遇冷变硬的特点。适宜的室温会使巧克力花捏制起来更容易。天气热的时候，可以减少10克糖浆，使巧克力更好操作。

（3）加入糖浆后的巧克力，没有使用完的可以密封放在冰箱冷藏保存，能保存很长时间。

项目三 糖制品

糖制品是西式面点配料及装饰料的主要用料之一，在西式面点中有着广泛的应用。西式面点中常见的糖制品有风登糖、脆糖、糖粉造型制品等。

风登糖又称封糖、翻砂糖，是西式面点挂面、装饰花及各种装饰图案的常用原料。封糖蛋糕如图6-11所示。风登糖需经双煮法溶化后才能使用。若用火直接加热，则易使溶化的糖重新结晶，失去光泽。风登糖食用的最佳温度是30~40 ℃，此时工艺性能最好，可根据需要调成各种颜色和口味。

图6-11 封糖蛋糕

脆糖是西式面点中技术性较高的一类制品。其是由优质白糖经过高温熬制而成的一种坚脆的制品，脆糖具有透明和坚脆的特性。脆糖需将糖液冷却至具有可塑性状态时使用，其成型方法有吹糖成型、手拨成型和借助模具成型等。其花色品种很多，从外观看，有透明的、半透明的、丝光状的等；从种类看，有动物制品、花卉制品、水果制品和各式造型制品等。蝴蝶糖画如图6-12所示。

图6-12 蝴蝶糖画

糖粉造型制品也是西式面点中技术性较强的装饰品。糖粉造型装饰所用的原料，在行业中称糖粉膏。糖粉膏是根据不同需要用糖粉与蛋清或与水及溶化的鱼胶等原料搅拌制成的。它具有质地洁白、细腻、可塑性强的特点，能制作人物、动物、花、鸟、鱼、虫等各种装饰品，其制品具有坚韧结实，摆放时间长，不走形，不塌架，既可食用又能欣赏的特点。

 一、糖制品的一般要求

（1）使用风登糖时，要注意溶化方法，不得在火上直接用大火加热。
（2）熬制脆糖时，要严格控制糖液温度。
（3）用糖粉造型时，要根据需要灵活掌握制品的硬度，正确选择液体原料，如蛋清或鱼胶液等。

 二、糖制品的一般质量标准

糖制品形态规范，外形整齐，表面光润，口味纯正。风登糖、糖粉造型制品要求质地细腻、洁白。脆糖则要求色泽自然，表面光亮，不黏手，不黏牙。

三、制作实例

糖花篮如图6-13所示。

（一）原料

砂糖1 500克，水750克，葡萄糖350克，柠檬汁5滴，各色色素适量。

（二）制作过程

（1）将砂糖和水放在洁净的平底锅中，在密封式电炉上煮。
（2）糖水开锅后用刷子或细筛将脏沫刷出或捞出。
（3）待砂糖完全溶化后，加入葡萄糖和柠檬汁，当温度升至138 ℃时，加入适量色素，待150 ℃时立即离开火源，并放入备好的凉水盆里蘸一下锅底，使温度停止上升。
（4）将熬好的糖根据不同需要制成花篮坯。
（5）用同样方法，煮四锅不同色彩的糖，做成糖花。
（6）将制好的花篮和糖花组装为一体，即为装满各色鲜花的花篮。

图6-13 糖花篮

> **模块小结**
>
> 本课讲述了冷冻甜食及装饰制品，具有一定的技术性和艺术性，也有一定的难度，学生要多练习，掌握操作方法，熟能生巧，最终达到一定的造诣。

思考与练习

一、填空题

1. 冷冻甜食的品种很多，根据主要用料、工艺的不同，常有_____、_____、_____等。
2. 奶油冻又称为_____，它是一种含有丰富乳脂和蛋白的甜点，具有外形美观、质地细腻、口感香甜的特点。
3. 冰淇淋是一种含有优质蛋白质及高糖高脂的食品，具有_____、_____和_____的功能。
4. 糖制品是西式面点配料及装饰料的主要用料之一，在西式面点中有着广泛的应用。西式面点中常见的糖制品有_____、_____、_____造型制品等。

二、简答题

1. 奶油冻的成型方法和要求是什么？
2. 食用冰淇淋的注意事项是什么？
3. 制作冷冻甜食的一般要求是什么？
4. 调制巧克力的一般方法是什么？
5. 调制巧克力的一般要求是什么？
6. 糖制品的一般要求是什么？

模块七 面包类制品

学习目标

知识目标

- 了解面包常见的分类方法和制作方法
- 掌握面包生产主辅原料的特性、功能及使用方法
- 掌握面包生产工艺各环节的技术要领

能力目标

- 能够制作各类面包
- 培养学生良好的职业素养

模块导入

面包的由来

大约在公元前6000年，古埃及人最先掌握了制作发酵面包的技术。最初的发酵方法可能是偶然发现的：吃剩下的麦子粥，受到空气中野生酵母菌的侵入，导致发酵、膨胀、变酸，再放在加热的石头上烤制，人们惊喜地得到了远比"烤饼"松软美味的一种新面食，这便是世界上最早的面包。公元前3000年左右，在十分偶然的情况下，古希腊人最早发明了用酿制酸啤酒滤下来的酒渣，也就是新鲜啤酒酵母来发酵面包。

在古代漫长的岁月里，白面包是上层权贵们的奢侈品，普通大众只能以裸麦制作的黑面包为食。那时的人们只知道发酵的方法而不懂得其原理，一直到17世纪后人们才对其展开研究。19世纪法国生物学家巴斯葛（louis pasteur）成功地发现发酵作用的原理，从而为面包制造业揭开了自古埃及传下来的神秘之谜。原来，空气中散播着无数菌类，其中有一种酵母菌，若落在适宜的环境中，便会进行缺氧呼吸，把糖分解后，使之产生二氧化碳及酒精。这种菌若落在面团中，二氧化碳气体便会使面团发胀，从而制成松软的面包。图7-1所示为面包。

图7-1　面包

项目一 面包概述

面包是由酵母的生物发酵作用经烘烤制作的一类面点制品,是西式面点中很重要的一类产品。随着更新、更好的原材料和生产工艺的应用,不断涌现出丰富繁杂的面包品种。

任务一 面包的分类

面包的种类及花样虽然繁多,但根据面包本身的质感而言,可分为软质、硬质、脆皮、松质四种基本的类型。

 一、软质面包

软质面包的特性是组织松软带柔且体轻而膨大,质感细腻而富有弹性。

二、硬质面包

硬质面包内部组织接近结实的面包。

 三、脆皮面包

脆皮面包因不受糖、油、鸡蛋等材料特性的影响,所以烘焙后的面包表皮坚硬,内部组织松软富有弹性,故形成脆皮。

 四、松质面包

松质面包的主要特色为层次分明的内部结构,表皮香酥,质地松软,具有整体性的松化层次感。

这四类不同质地的面包是根据不同原料配比、不同制作程序,经过配料、面团调制、发酵、成型、烘烤、冷却、装饰等工艺方法制作而成的。

面包的用途极广,广泛地应用于早、午、晚三餐及各种宴会、酒会、自助餐。

任务二　面包的制作

一、面包面团的调制

面包面团的调制过程是面包制作工艺的第一步，也是比较关键的步骤，它的优势对面包的发酵、成型、烘烤起着至关重要的作用。通过搅拌可以充分混合所有原料，使面粉等干性原料得到完全的水化，加速面筋的形成。

面包面团搅拌完成主要经历了四个阶段。

第一阶段：配方中的干性原料与湿性原料混合，成为粗糙且黏湿的面团，用手触摸时面团较硬、无弹性，也无延伸性，整个面团显得粗糙、易散落、表面不整齐。

第二阶段：面团中的面筋开始形成，用手触摸面团时仍会黏手，表面很湿，用手拉伸面团时无良好的延伸性，容易断裂。

第三阶段：面团表面渐趋干燥，较为光滑且有光泽，用手触摸时面团已具有弹性并较为柔软，但延伸性较弱，拉伸面团时其仍会断裂。

第四阶段：面筋得到充分扩展，具有良好的延伸性。这时面团的表面干燥而有光泽，面团内部细腻、整洁、无粗糙感，用手拉伸面团时具有良好的弹性和延伸性，面团柔软。

二、一般用料

软质面包是以面粉、酵母、水、盐、糖为基本原料，经面团调制、发酵、成型、醒发、烘烤等工艺而制成的膨胀、松软制品。

（一）面粉

面粉是由蛋白质、碳水化合物、灰分等成分组成。在面包发酵过程中起主要作用的是面粉中的蛋白质和碳水化合物。

1.蛋白质

面粉中的蛋白质主要由麦胶蛋白、麦谷蛋白、麦清蛋白和麦球蛋白等组成。其中麦谷蛋白、麦胶蛋白能吸水膨胀形成面筋质。这种面筋质能承受面团发酵过程中二氧化碳气体的膨胀，并能阻止二氧化碳气体的溢出，提高面团的保气能力，它是面包制品形成膨胀、松软特点的重要条件。

2.碳水化合物

面粉中的碳水化合物大部分是以淀粉的形式存在的。淀粉中所含的淀粉酶在适宜的条件下，将淀粉转化为麦芽糖，进而继续转化为葡萄糖供酵母发酵所用。面团中淀粉的转化对酵母的生长具有重要作用。

（二）酵母

酵母是一种生物膨胀剂，当面团加入酵母后，酵母即可吸收面团中的养分生长繁殖，并产生二氧化碳气体，使面团形成膨大、松软、蜂窝状的组织结构。酵母对面包的发酵起着决定性的作用,但要注意使用量。如果用量过多,面团中产气增多,面团内气孔壁迅速变薄,短时间内面团保气性很好,但时间一长,面团很快成熟过度,保气性变差。因此,酵母的用量要根据面筋品质和制品需要而定。一般情况下,鲜酵母的用量为面粉用量的3%~4%,干酵母的用量为1.52%~2%。

(三) 水

水是生产面包的重要原料,其主要作用:使面粉中的蛋白质充分吸水,形成面筋网络;使面粉中的淀粉受热吸水而糊化;促进淀粉酶对淀粉进行分解,帮助酵母生长繁殖。一般软质面包的含水量在58%~62%为合适(此含水量包含了鸡蛋内80%的水分含量),但若配方中全部使用高筋面粉,则其含水量需相对增加。

(四) 盐

盐可以增加面团中面筋质的密度,增加弹性,提高面筋的筋力。如果面团中缺少盐,醒发后面团会有下塌现象。盐可以调节发酵速度,没有盐的面团虽然发酵速度快,但发酵极不稳定,容易发酵过度,发酵的时间难以掌握。盐量多则会影响酵母的活力,使发酵速度减慢。盐的用量一般是面粉用量的1%~2.2%。

(五) 糖

糖可以增加面团中酵母的营养,促进酵母的繁殖。一般情况下,糖的含量在5%以内能促进发酵,当超过6%时,因糖的渗透性则会使发酵受到抑制,发酵的速度变得缓慢。

三、调制方法

软质面包面团的调制方法大致有三种:第一种是直接发酵法,即将所有的配料,按顺序放在搅拌容器里,一次搅拌完成;第二种是间接发酵法,即两次搅拌面团、两次发酵的工艺方法;第三种是快速发酵法,就是将所有的原料依次放入搅拌容器内。酵母的用量加倍,搅拌的时间也比正常搅拌时间多出5~10分钟,发酵的时间一般在30~40分钟即可,其他操作步骤与直接发酵法相同。

> **注意事项**
>
> (1) 制作面包的面粉宜用高筋面粉,使用前要过筛。其作用一是去除杂质;二是使面粉形成松散细腻的微粒;三是通过面粉过筛带入一定量的空气,有利于面团中酵母菌的生长繁殖,促进面团发酵。
>
> (2) 正确控制加水量及水温。水的温度对酵母的繁殖起主要作用,水温的控制要根据面包制作环境及气候的变化而变化。
>
> (3) 合理掌握搅拌时间及搅拌速度。面团搅拌不足,面筋没有充分扩展,面筋的网络就不会充分形成,从而降低了面团在发酵时保存气体的能力,使制成的面包体积小。如果搅拌过度,也会破坏面筋质的网状结构,使面团发黏,这种面团除保持气体能力差外,还会导致面包体积小,内部气孔大而多,质量差。

任务三　面包面团的成型

面包的成型，就是将发酵完成的面团做成各式各样的外形，使烘烤成熟后的面包具有各式不同的外形和花样。一般面包的成型包括分割、滚圆、中间醒置、成型、最后醒发等一连串的步骤与技巧。

一、分割

分割是把发酵面团分切成所需重量的小面团。分割的重量一般是成品重量加上烘烤损耗重量（烘烤损耗重量一般是面坯重量的10%）。分割方法一般有手工分割和机器分割两种。

二、滚圆

滚圆又称搓圆。即把分割好的一定重量的面团通过手工或滚圆机揉搓成圆形的工艺过程。通过滚圆才能将面团滚紧，重新形成一层薄的表皮，包住面团内继续产生的二氧化碳气体，使面团内部结构均匀而富有光泽，有利于下一步成型。

如今许多面团分割机本身具备滚圆功能，能够分割、滚圆一次成型，大大提高了工作效率。

三、中间醒置

中间醒置又称静置。面团经搓圆后，一部分气体被排出，面团的弹性变弱。因此，为了使面团重新产生气体，恢复其柔软程度，面团必须进行中间醒置。

中间醒置的时间根据面团的性质及整形要求灵活确定，但一般在15~20分钟。其环境温度以25~30 ℃，相对湿度以70%~75%为宜。

四、成型

面团经过中间醒置后，体积慢慢膨大，质地逐渐柔软，这时即可进行面包成型操作。

面团的成型操作可分为手工成型和机械成型两种。主要操作方法有滚、搓、包、捏、压、挤、擀、编、沾、摔、拉、折、叠、卷、切、割、转等。每个技术动作都有它独特的技法，可视成型的需要，相互配合使用。

五、装盘

面团成型之后，即可码放在烤盘或模具中，进行最后醒发，以使面团再度膨胀易于烘烤。

六、最后醒发

最后醒发是面包造型装饰及烘烤前的关键阶段，也是影响面包品质的关键环节。为使面团重新产气、膨松，得到制品所需的形状和较好的食用品质，大多数面包制作都需要最后的醒发过程。

七、成型及美化装饰

面包经过最后醒发后还需进行成型及美化装饰。这是面包制作中关键的一步，也是决定面包品质好坏、口味优劣、外形是否美观的重要步骤。

面包的成型及美化装饰形式多种多样，但最基本的有刷、剪、压、洒、切、割等方法。可根据面包种类、口味、辅助原料的不同加以灵活运用。

面包的成型及美化装饰，决定了面包的最后形状，是面包定型的最后一步。许许多多的面包，无论是简单的刷蛋水、洒芝麻，还是剪除各种形状或切出造型都是在这一阶段进行的。此外，面包的成型及美化装饰也是反映生产者聪明才智和生产工艺技术的重要方法。

> **注意事项**
>
> 面包在成型过程中，有许多环节是举足轻重的。它不仅关系到面团在一系列的制作过程中所有的品质和质量，更关系到成品的质量。因此，面包在成型过程中，应特别注意以下几个方面：
>
> （1）在面团的分割过程中，不论是手工分割还是机器分割，动作要迅速，以免面团发酵过度，影响面包质量。
>
> （2）中间醒发时，尽量不要使面包吹风，以免面团表面结皮，品质受到影响。
>
> （3）面包在成型时，制品形状、大小要一致，同时在操作时，不要放太多干面粉，否则会影响制品质量。
>
> （4）面包在装盘时应做到不同性质、不同大小的面包不放在同一烤盘中。同时，对有结头的面团将结头朝下码放，以防烘烤时结头爆开，影响成品质量和美观。
>
> （5）制品码放的疏密要合理适当。因为码放过密，制品胀发后易粘连；码放过疏，面坯在烘烤时受热面积增大，易造成表皮颜色不匀，同时也造成烤盘的使用浪费。一般情况下，面包码放时，互相之间应有一定距离，以不互相粘连为准。
>
> （6）最后醒发时，在面包放入醒发箱之前，应仔细检查醒发箱的温、湿度是否与所需醒发的面包要求相符，如有问题要及时修正。

任务四　面包的成熟

面团经过最后醒发和成型及美化装饰后，待体积增至原来的1~3倍时，即可进行烘烤。烘烤成熟是面包制作过程中的最后一个步骤，同时也是将面团变成面包的一个关键阶段。

面包的烘烤温度一般在200~230 ℃，但要视面包的大小、体积薄厚来灵活决定。大多数情况下，面包生坯的质量越轻、体积越小，所用的温度越高、时间越短；反之，则温度相对越低，时间也越长。

注意事项
（1）烘烤面包时，应了解面包的性质和配方中原料的成分。
（2）在面包坯表面刷蛋液时，要根据需要调节蛋液浓度，同时刷蛋液的动作要轻柔，刷入量以蛋液不从面坯表面流下为宜。
（3）软质面包在烘烤过程中，不要经常打开烤箱门，以防影响面包的质量。
（4）制品应符合卫生要求。

项目二　面包制作实例

任务一　法棍

法棍如图7-2所示。

图7-2　法棍

一、原料

面包面粉800克，盐20克，蛋糕面粉200克，黄油50克，酵母30克，水500克，黄油香粉10克。装饰料：黄油、蒜蓉、奶酪粉。

二、制作过程

（1）将除水和黄油以外的原料放入搅拌机中，均匀地将水倒入搅拌机中，与原料均匀搅拌，面筋扩展至八成加入黄油，与面团均匀搅拌至面筋完全扩展。

（2）揉制成团，入醒发箱进行第一次醒发（15分钟左右）。

（3）将面团分成每个约300克的小面剂，揉制成团，中间醒发10分钟。

（4）将面团制成长约40厘米的条状放入烤盘，入醒发箱醒发30分钟。

（5）用锯刀在其表面划三道刀口后入烤箱（温度240 ℃ /200 ℃），烤制15分钟左右即可。

（6）用锯刀将法棍切片，然后将黄油、蒜蓉抹在表面，再次入烤箱烤制3分钟左右即可。

三、特点

表皮焦脆，黄油、蒜蓉香味独特。

任务二　法式培根面包

法式培根面包如图 7-3 所示。

图 7-3　法式培根面包

一、原料

面包面粉 800 克，黄油 50 克，蛋糕面粉 200 克，盐 20 克，酵母 20 克，培根 15 片，黄油香粉 10 克，水 500 克。

二、制作过程

（1）将面粉、酵母、黄油香粉、盐放入搅拌机中，均匀地将水倒入搅拌机中，面团扩展至八成加入黄油，搅拌至面筋完全扩展。

（2）揉成面团入醒发箱进行第一次醒发（15 分钟左右）。

（3）将面团分成每个约 150 克的小面剂，揉制成型，中间醒发 15 分钟。

（4）将面团压平展开，与培根长度相一致，将培根放入面团中，将面团卷起包入培根并揉搓成长条，撒上黑胡椒粉，用剪刀从头至尾剪 5 刀，不要剪断，放入烤盘，入醒发箱进行最后一次醒发（30 分钟）。

（5）入烤箱烤制（温度 240 ℃/200 ℃）15 分钟即可。

三、特点

色泽金黄，口感软脆，口味鲜咸。

任务三 火腿面包

火腿面包如图7-4所示。

图7-4 火腿面包

一、原料

面包面粉800克，鸡蛋2个，蛋糕面粉200克，酵母10克，黄油香粉10克，黄油100克，盐10克，水500克，糖200克，火腿肠15支（每支80~100克）。

二、制作过程

（1）将除了黄油、水、火腿肠以外的原料放入搅拌机中，然后均匀地将水倒入并与原料搅拌均匀，面筋扩展至八成加入黄油，搅拌至面筋完全扩展。

（2）揉成面团入醒发箱进行第一次醒发（15分钟左右）。

（3）取出面团分成每个约60克的小面剂，揉圆，中间醒发15分钟。

（4）将面团压成长方形，将二分之一的火腿肠放入面团中卷起来，然后切三刀分成四等份，注意不要切断，然后编成十字花形，摆入烤盘。

（5）入醒发箱进行最后一次醒发（30分钟）。

（6）表面刷蛋液，入烤箱进行烤制（温度220℃/200℃），烤制15分钟即可。

三、特点

外形美观，口感鲜香。

任务四 墨西哥面包

墨西哥面包如图 7-5 所示。

图7-5 墨西哥面包

一、原料

面包面粉 800 克，奶粉 50 克，蛋糕面粉 200 克，低筋面粉 100 克，糖 200 克，酵母 25 克，鸡蛋 2 个，盐 10 克，黄油 100 克，黄油香粉 10 克，水 500 克。装饰料：墨西哥糊、沙拉酱、肉松。

二、制作过程

（1）将除水、黄油以外的原料放入搅拌机中，然后均匀地将水倒入并与原料搅拌均匀，面筋扩展至八成时加入黄油，搅拌至面筋完全扩展。

（2）揉制成团，醒发 15 分钟左右。

（3）将面团分成每个约 50 克的小面剂，揉圆，中间醒发 10 分钟。

（4）再次搓圆放入烤盘，入醒发箱醒发 30 分钟。

（5）在面包表面挤墨西哥糊入烤箱（温度 220 ℃ /200 ℃），烘烤 15 分钟左右至表面微黄即可。

（6）面包表面刷沙拉酱，撒上肉松。

三、特点

色泽金黄，口感酥香。

任务五　披萨面包

披萨面包如图7-6所示。

图7-6　披萨面包

一、原料

面包面粉800克，盐10克，蛋糕面粉200克，奶粉50克，酵母30克，鸡蛋2个，糖150克，黄油80克，黄油香粉10克，水500克。装饰料：火腿、肉松、洋葱、青红椒、沙拉酱、番茄沙司。

二、制作过程

（1）将除水、黄油以外的原料加入搅拌机中，然后均匀地将水倒入并与原料搅拌均匀，面筋扩展至八成加入黄油，搅拌至面筋完全扩展。

（2）揉制成团，醒发15分钟左右。

（3）将面团分成每个约100克的小面剂，揉圆，中间醒发10分钟。

（4）擀成圆片状，厚度约为0.5厘米，放入烤盘中，入醒发箱进行最后一次醒发，30分钟左右即可。

（5）取出面饼，在表面刷蛋液，分别撒上肉松、洋葱丝、青红椒丝、火腿丝，最后挤上番茄沙司和沙拉酱，使其呈网状。

（6）入烤箱（温度250 ℃/220 ℃）烘烤10分钟左右即可。

三、特点

表面呈网状纹，色香味俱佳。

任务六　葡萄干面包

葡萄干面包如图7-7所示。

图7-7　葡萄干面包

一、原料

面包面粉800克，鸡蛋2个，蛋糕面粉200克，盐10克，酵母25克，黄油80克，糖100克，水500克，黄油香粉10克，葡萄干150克。

二、制作过程

（1）将除了水、黄油、葡萄干以外的所有原料放入搅拌机中，然后均匀地将水倒入搅拌机中，面团扩展至八成加入黄油、葡萄干，与面团均匀搅拌至面筋完全扩展。
（2）揉制成团，入醒发箱进行第一次醒发（15分钟）。
（3）将面团分成150克一个的小面剂，揉上劲，中间醒发10分钟。
（4）将面团搓成长条，两个为一组，摆成十字型，编成辫子状后入醒发箱醒发30分钟左右。
（5）将面包刷上蛋液入烤箱进行烤制（温度210℃/190℃），烤制25分钟左右即可。

三、特点

面包呈辫子状，葡萄干味道突出。

任务七　水果奶油面包

水果奶油面包如图7-8所示。

图7-8　水果奶油面包

一、原料

面包面粉800克，盐10克，蛋糕面粉200克，黄油80克，酵母25克，鸡蛋2个，糖80克，水500克，黄油香粉10克。装饰料：奶油、水果。

二、制作过程

（1）将除水和黄油以外的所有原料放入搅拌机中，然后均匀地将水倒入搅拌机中，面团面筋扩展至八成加入黄油，与面团均匀搅拌至面筋完全扩展。

（2）揉制成团，入醒发箱进行第一次醒发（15分钟左右）。

（3）取出面团分成每个约60克的小面剂，揉制成圆形，中间醒发15分钟后，将面团做成椭圆形放入烤盘，入醒发箱醒发30分钟。

（4）表面刷蛋液入烤箱（温度220℃/200℃），烤制15分钟即可。

（5）给面包做最后装饰，用锯刀将面包竖向切开（不要切断），挤入奶油，放上水果即成。

三、特点

色彩丰富，清香可口。

任务八　杂粮面包

杂粮面包如图7-9所示。

图7-9　杂粮面包

一、原料

面包面粉800克，黄油100克，蛋糕面粉200克，盐20克，杂粮面粉250克，糖100克，酵母25克，奶粉80克，黄油香粉10克，水600克，鸡蛋3个。

二、制作过程

（1）将面粉、酵母、黄油香粉、盐、杂粮面粉、鸡蛋、奶粉、糖放入搅拌机中，然后均匀地将水倒入搅拌机中，面团扩展至八成加入黄油，搅拌至面筋完全扩展。
（2）揉成面团，入醒发箱进行第一次醒发（15分钟）。
（3）将面团分成每个约60克的小面剂，揉制成型，中间醒发15分钟。
（4）将面团制成橄榄形状入烤盘，放入醒发箱醒发30分钟。
（5）面包表面划刀口，刷蛋液，入烤箱进行烤制（温度220 ℃ /200 ℃），烤制20分钟即可。

三、特点

形如橄榄，由各种杂粮制成，营养价值很高。

模块小结

本课讲述了面包的分类、制作及面包制作实例，学生要掌握制作面包的基础知识，学会制作相关品种的面包。

思考与练习

一、填空题

1. 面包的种类及花样虽然繁多，但根据面包本身的质感而言，可分为_____、_____、_____、_____四种基本的类型。
2. 软质面包面团的调制方法大致有三种：_____、_____、_____。
3. 一般面包的成型包括_____、_____、_____、_____、最后醒发等一连串的步骤与技巧。
4. 面包的烘烤温度一般在_____，但要视面包的大小、体积薄厚来灵活决定。大多数情况下，面包生坯的质量_____、体积_____，所用的温度越_____、时间越_____。

二、简答题

1. 面包面团搅拌完成经历的四个阶段是什么？
2. 制作面包的一般用料有哪些？
3. 调制面团的注意事项有哪些？
4. 烤制面包的注意事项有哪些？
5. 你能独立制作哪几种面包？

附　录

附录1：课程标准

一、课程说明

（一）课程的性质和内容

本课程是西式烹饪专业的一门专业基础课，主要内容有西式面点概述；西式面点的设备及工具、用具；西式面点原料知识；西式面点制作基础；西式面点制作工艺等。

（二）课程的任务和要求

通过教学，使学生了解和掌握西式面点知识，把握好学生的培养定位，突出课程实用性；同时，考虑我国经济社会的发展及科学进步状况，结合国家职业技能标准，使课程具有较强的职业针对性，指导学生尽快掌握行业技术，提高专业基本技能和素质。

课程的具体要求如下：

（1）了解各项基本知识，为以后职业发展打下基础。

（2）掌握各项基本知识，做到学以致用。

（3）能正确运用基本知识，充分发挥其效能。

教师在教学中应注意理论与实际的紧密结合，根据教学的实际情况采用组织外出参观酒店、展示教学挂图、录像演示教学内容、现场示范、多媒体教学等直观性教学手段，提高教学质量和学生的学习兴趣。

二、学时分配

学时分配见表0-1。

表0-1　学时分配

章节名称	总学时	讲授学时	实训学时
模块一　西式面点概述	2		
项目一　西式面点概况		1	
项目二　西式面点的分类及特点		1	
模块二　西式面点的设备及工具、用具	6		
项目一　常用设备及工具、用具		2	2
项目二　安全生产知识		2	
模块三　西式面点原料知识	8		
项目一　面粉及其他粉类原料		2	
项目二　糖及糖浆		1	

续表

章节名称	总学时	讲授学时	实训学时
项目三 食用油脂		2	
项目四 蛋及蛋品		1	
项目五 乳及乳品		1	
项目六 西式面点中的食品添加剂		1	
模块四 西式面点制作基础	8		
项目一 西式面点基本操作手法		1	3
项目二 西式面点制作基本技术		1	3
模块五 西式面点制作工艺	12		
项目一 蛋糕制作工艺		1	5
项目二 点心制作工艺		1	5
模块六 冷冻甜食及装饰制品	14		
项目一 冷冻甜食		1	4
项目二 巧克力制品		1	4
项目三 糖制品		1	3
模块七 面包类制品	20		
项目一 面包概述		2	
项目二 面包制作实例			18
合　　计	70		

三、课程内容与要求

（一）模块一　西式面点概述

1. 教学要求

（1）能够了解西式面点的起源和发展。

（2）掌握西式面点的定义和特点。

（3）能够正确对西式面点进行分类。

2. 教学内容

项目一　西式面点概况

　　任务一　西式面点的起源和发展

　　任务二　西式面点的定义与特点

项目二　西式面点的分类及特点

3. 教学重点及建议

（1）教学重点是西式面点的定义和特点。

（2）让学生了解西式面点的起源和发展。

（二）模块二　西式面点的设备及工具、用具

1. 教学要求

（1）掌握设备及工具、用具的相关知识。

（2）能够运用各种设备及工具、用具。

2.教学内容

项目一　常用设备及工具、用具

　　任务一　成熟设备

　　任务二　机械设备

　　任务三　恒温设备

　　任务四　储物设备及工作台

　　任务五　常用的工具及用具

项目二　安全生产知识

3.教学重点及建议

（1）教学重点是各种设备、工具、用具的使用。

（2）掌握使用各种设备、工具、用具的注意事项及操作要点。

（三）模块三　西式面点原料知识

1.教学要求

（1）了解常用原料的特点及分类。

（2）掌握常用原料的用途。

2.教学内容

项目一　面粉及其他粉类原料

　　任务一　面粉的来源

　　任务二　面粉的种类

　　任务三　面粉的主要成分

　　任务四　面粉的品质鉴定

　　任务五　面粉的用途

　　任务六　其他粉类

项目二　糖及糖浆

　　任务一　糖的分类

　　任务二　糖在西式面点中的作用

　　任务三　糖的保管

项目三　食用油脂

　　任务一　油脂的分类

　　任务二　西式面点常用油脂的品种

　　任务三　油脂在西式面点中的作用

　　任务四　油脂的保管

项目四　蛋及蛋品

　　任务一　蛋的种类

　　任务二　蛋在西式面点中的作用

　　　　任务三　鲜蛋的保存
　　项目五　乳及乳品
　　　　任务一　乳品的种类
　　　　任务二　乳及乳品在西式面点中的作用
　　　　任务三　乳及乳品的保管
　　项目六　西式面点中的食品添加剂
3. 教学重点及建议
　　（1）认识各种常用原料。
　　（2）掌握常用原料的作用。
（四）模块四　西式面点制作基础
1. 教学要求
　　（1）掌握西式面点的基本操作手法。
　　（2）掌握西式面点的制作技术。
2. 教学内容
　　项目一　西式面点基本操作手法
　　　　任务一　和、擀、卷、捏、揉
　　　　任务二　搓、切、割、抹、裱型
　　项目二　西式面点制作基本技术
　　　　任务一　面团调制技术
　　　　任务二　面团膨松技术
　　　　任务三　成型技术
　　　　任务四　熟制技术
　　　　任务五　装饰技术
3. 教学重点及建议（同教学要求）
（五）模块五　西式面点制作工艺
1. 教学要求
　　（1）能够掌握蛋糕制作工艺。
　　（2）了解蛋糕的一般特征。
　　（3）熟练制作蛋糕。
2. 教学内容
　　项目一　蛋糕制作工艺
　　　　任务一　蛋糕的一般特征
　　　　任务二　蛋糕的成型
　　　　任务三　蛋糕的成熟
　　　　任务四　蛋糕的表面装饰
　　　　任务五　制作实例

项目二　点心制作工艺

　　任务一　甜酥点心

　　任务二　清酥点心

　　任务三　泡芙类

　　任务四　饼干

　　任务五　制作实例

3.教学重点及建议

（1）教学重点为如何制作蛋糕。

（2）结合实例或挂图介绍蛋糕制作的方法。

（3）学生能独立操作。

（六）模块六　冷冻甜食及装饰制品

1.教学要求

（1）认识冷冻甜食及装饰制品的重要意义。

（2）能正确制作常见的冷冻甜食及装饰制品。

2.教学内容

项目一　冷冻甜食

　　任务一　结力冻

　　任务二　奶油冻

　　任务三　冰淇淋

　　任务四　制作实例

项目二　巧克力制品

项目三　糖制品

3.教学重点及建议

正确运用各种方法进行操作。

（七）模块七　面包类制品

1.教学要求

（1）了解面包的分类。

（2）能独立制作面包。

2.教学内容

项目一　面包概述

　　任务一　面包的分类

　　任务二　面包的制作

　　任务三　面包面团的成型

　　任务四　面包的成熟

项目二　面包制作实例

　　任务一　法棍

任务二　法式培根面包

任务三　火腿面包

任务四　墨西哥面包

任务五　披萨面包

任务六　葡萄干面包

任务七　水果奶油面包

任务八　杂粮面包

3.教学重点及建议（同教学要求）

四、实施建议

（一）教材的选择与教学指导性文件的编写

（1）本课程教材选用中国劳动社会保障出版社出版的规划教材。以该教材为基础，如果发现教学内容有需要小幅度调整和个别充实完善的地方，可自行编制讲义；根据教材内容编制教学指导性文件。

（2）教学指导性文件编写应体现"能力够用，开放式教学"的理念。

（3）教学指导性文件编写应坚持以学生为本，充分体现"行动导向"，应尽量通过任务引领，实现"理实一体"，强化训练的运用，增强学生的直观感受，发挥学生自主学习的内在动力，提高学生的学习兴趣。文字表达应简明扼要，符合中职生的接受能力。

（4）教学指导性文件内容应及时反映烹饪专业最新使用的工艺，更贴近烹饪专业的发展和实际需要。

（5）应结合职业资格考核要求组织学习内容。

（6）教学指导性文件中设计的活动要具有可行性、具体性和可操作性。

（二）教学建议

（1）本课程作为一门烹饪专业的专业课程，其教学应围绕专业技能训练展开，确定教学目标。

（2）在教学实施中要充分使用现代化的教学手段，如烹饪电子教案、烹饪专业图片、视频、多媒体等教学资源辅助教学，从而加强学生对专业知识、专业技能的了解和认识。

（3）本课程的教学重点是培养学生专业技能岗位的操作能力，应以学生为主体，教师为主导，注重教与学的互动，通过教师的操作示范和任务引导，组织学生进行动手能力训练和专业技能操作训练，在实践训练中提高岗位工作能力。

（4）教师必须重视实践能力的培养，更新观念，创新教学手段，探索中职生创新能力发展的思路，提供学生个体主动发展的外部环境，积极引导学生提升岗位技能。

（5）在教学过程中，始终贯穿职业素养的培养，使学生在日常教学中提高思想素质。

（6）建议采用一体化教学工作站进行教学活动。

（三）教学评价

按照职业要求，主要评价学生的职业素养和职业能力两个方面（表0-2和表0-3），其中职业能力评价又分为过程评价和结果评价。

（1）突出形成性评价，结合工作任务考核等手段，加强专业能力教学环节的考核，并注重学生在工作过程中专业能力的养成。

（2）强调总体性评价，注重考核学生的综合职业能力及水平，对在职业能力形成过程中有创新能力的学生给予奖励。

表0-2 职业素养评价

序号	构成模块	评价目标	评测方式	评价分值
1	素养一：日常表现	1. 出勤情况（优、良、及格） 2. 同学、师生关系 3. 关心集体、爱护公物	形成性评价	10
2	素养二：学习表现	1. 学习态度 2. 开收工检验质量 3. 实习笔记书写情况	形成性评价	10
3	素养三：职业素养	1. 爱岗敬业的态度 2. 职业道德的水准 3. 团结协作的精神	形成性评价	10
合计		30		

表0-3 职业能力评价

序号	考核项目	评价目标	评测方式	评价分值
1	资料查找	1. 是否正确积极参与 2. 资料正确性与否	形成性评价	5
2	原料选择	1. 选择是否正确 2. 原料的质量如何	形成性评价	5
3	加工处理	1. 加工方法是否得当、正确 2. 操作是否规范	形成性评价	20
4	成品质量	是否符合质量标准，从色、形、味、香、质、卫、器等方面判定	形成性评价	30
5	作业质量	1. 书写是否完整 2. 书写内容正确与否、质量高低	形成性评价	10
合计		70		

说明：本课程单独考核评价，按百分设计并考评，60分为合格。

（四）课程资源的开发和利用

（1）注重与烹饪专业教学相关的实物、标本、挂图、幻灯片、多媒体课件等现代技术的利用。

（2）积极利用电子书籍、电子期刊、数字图书馆、专业网站等网络资源，使教学内容从单一化向多元化转变，增强学生知识的储备和能力的拓展。

（3）加强校企合作，充分运用行业优势，为学生提供参观、实训的机会，在校企合作中密切关注行业需要与教学内容的配套。

（五）本课程标准适用于中等职业学校西餐烹饪专业（三年制）

附录2：常用单位换算

1. 温度换算表

摄氏度=（华氏度−32）×5÷9。

2.体积换算表

一量杯=16大匙=235毫升

一大匙=3小匙=15毫升

一小匙=5毫升

1/2小匙=2.5毫升

3. 材料换算表

黄油1大匙=13克，1杯=227克=0.5磅=2小条，1磅=454克。

人造黄油1大匙=14克，1杯=227克=0.5磅。

沙拉油1大匙=14克，1杯=227克=0.5磅。

牛奶1大匙=14克，1杯=227克=0.5磅=奶粉4大匙＋水＝奶水1/2杯＋水。

奶粉1大匙=6.25克。

蛋（带壳）1个=60克。

蛋（不带壳）1个=55克。

蛋黄1个=20克。

蛋清1个=35克。

细砂糖1杯=200克。

糖粉1杯=130克。

细砂糖1杯=180~200克。

粗砂糖1杯=200~220克。

糖浆1大匙=21克。

绵白糖（过筛）1杯=130克。

面粉1杯=120克。

玉米粉1大匙=12.6克。

可可粉1大匙=7克。

花生酱1大匙=16克。

蜂蜜1大匙=21克，1杯=340克。

碎干果1杯=114克。

葡萄干1杯=170克。

干酵母 1 小匙 =3 克。
盐 1 小匙 =5 克。
泡打粉 1 小匙 =4 克。
小苏打 1 小匙 =4.7 克。
塔塔粉 1 小勺 =3.2 克。

附录3：烘培专业术语及注释

1.隔水打发

全蛋打发时，因为蛋黄热后可减低其稠性，增加其乳化液的形成，加速与蛋清、空气拌和，使其更容易起泡而膨胀，所以要隔热水打发。而动物性鲜奶油在打发时，在下面放一盆冰水混合物，则更容易打发。

2.隔水烘焙或水浴

一般用在奶酪蛋糕的烘烤过程中，将奶酪蛋糕放在烤箱中烘烤时，要在烤盘中加入热水，再将蛋糕模具放在加了热水的烤盘中隔水烘烤。

3.室温软化

黄油因熔点低，一般冷藏保存，使用时需取出于常温放置软化，若急于软化，可将黄油切成小块或用微波炉加热，黄油软化至手指可轻轻压陷即可，且不可全部软化。

4.烤箱预热

在烘烤前，要提前10分钟把烤箱调至烘烤温度空烧，这样做是为了让烤箱提前达到所需要的烘烤温度。

5.面团松弛

蛋塔皮、油皮、油酥、面团因搓揉过后有筋性产生，经静置松弛后再擀卷更易操作，不会收缩。

6.倒扣脱模

一般用在戚风蛋糕中，烤好的戚风蛋糕从烤箱中取出，应马上倒扣在烤网上放凉后脱模，因戚风蛋糕容易回缩，所以倒扣放凉后再脱模，可以有效地减轻回缩。

7.烤模刷油撒粉

在模具中均匀地刷上黄油，或再撒上面粉，可以使烤好的蛋糕更容易脱模，但要注意，戚风蛋糕不可以刷油撒粉。

8.打发

打发这个动作几乎在所有的西式面点烘焙中都要用到，是指将材料以打蛋器用力搅拌，使大量空气进入材料中，在加热过程中使成品膨胀，口感更为绵软。一般如打发蛋清、全蛋、黄油、鲜奶油等。一般在打发蛋清、鲜奶油中我们常常还会看到湿性发泡或干性发泡这样的词，这是指我们要将材料打到一种什么样的程度。

9.湿性发泡

蛋清或鲜奶油打起粗泡后加糖搅打至有纹路且雪白光滑,拉起打蛋器时有弹性但尾端稍弯曲。

10.干性发泡

蛋清或鲜奶油打起粗泡后加糖搅打至纹路明显且雪白光滑,拉起打蛋器时有弹性而尾端挺直。

11.过筛

以筛网过滤面粉、糖粉、可可粉等粉类,以免粉类有结块现象。但要注意的是,过筛只能用在很细的粉类材料中,如全麦面粉这种比较粗的粉类不需要过筛。

12.隔水溶化

将材料放在小一点的器皿中,再将器皿放在一个大一点的盛了热水的器皿中,隔水加热,以使小器皿中的材料溶化。这种方法一般用在不能直接放在火中加热溶化的材料中,如巧克力、鱼胶粉等材料。

参 考 文 献

[1] 郭亚东. 西餐工艺[M]. 北京：中国轻工业出版社，2000.
[2] 贾成山，郭晓海. 西式面点技术[M]. 北京：中国财富出版社，2013.
[3] 上海市职业鉴定中心. 西式面点师[M]. 2版. 北京：中国劳动社会保障出版社，2013.
[4] 杜莉，孙俊秀. 西方饮食文化[M]. 北京：中国轻工业出版社，2006.
[5] 瑞雅. 温暖烘培[M]. 北京：中国人口出版社，2014.
[6] 陈洪华，李祥睿. 西点制作教程[M]. 北京：中国轻工业出版社，2014.